JN232919

グレゴール・ライシュの木版画(16世紀)。右に描かれているのはピタゴラスで、中世の計算卓を使って1、241と82を表している。左にいるのはホラティウスで、わたしたちにも馴染みのあるインド数字を使って筆算をしている。また、中央にいる貴婦人、アリスマティカの衣には、二つの等比数列1、2、4、8と1、3、9、27が描かれている。

SACRED NUMBER:
The Sacred Qualities of Quantities
by Miranda Lundy
Copyright © 2005
by Miranda Lundy

Japanese translation published by arrangement with
Bloomsbury Publishing Inc. through The English Agency (Japan) Ltd.
All rights reserved.

本書の日本語版翻訳権は、株式会社創元社がこれを保有する。
本書の一部あるいは全部についていかなる形においても
出版社の許可なくこれを使用・転載することを禁止する。

数の不思議

魔方陣・ゼロ・ゲマトリア

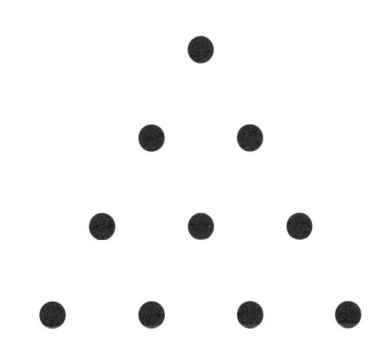

ミランダ・ランディ 著

桃山 まや 訳

両親と子供達に捧げる

アダム・テトロウ、リチャード・ヘンリー、ドード・サットン、そしてジョン・マルティノーの各氏には、デザインから編集にいたるまで惜しみないご協力をいただきました。また、本書の内容に関して多大な助言をしてくださった方々、ことにキース・クリッチロウ教授とジョン・ミッチェル氏には心からお礼を申し上げます。最後に、サリー・バシル、ハイファ・カワジャ、デルフィナ・ボッテシーニ、そして、この企画を進めてくれたジム・ボールドウィン、本当にありがとうございました。

「道が一を生み、一が二を生み、二が三を生み、三が万物を生む」 老子

もくじ

はじめに		*1*
モナド	THE MONAD	*2*
2	DUALITY	*4*
3	THREE	*6*
4	QUATERNITY	*8*
5	PHIVE	*10*
6	ALL THINGS SIXY	*12*
7	THE HEPTAD	*14*
8	EIGHT	*16*
9	THE ENNEAD	*18*
10	TEN	*20*
11	ELEVENSES	*22*
12	THE TWELVE	*24*
13から20	COVENS AND SCORES	*26*
中世の四科		*28*
グノモンズ		*30*
時間と空間		*32*
バビロニア、シュメール、エジプト		*34*
古代のアジア		*36*
ゲマトリア		*38*
魔方陣		*40*
神話、ゲーム、詩		*42*
現代の数字		*44*
ゼロ		*46*

記数法	*48*	さまざまな魔方陣	*54*
位取り記数法	*49*	数についての補足	*59*
ピタゴラス数	*50*	数の小事典	*63*
ゲマトリアの例	*52*	さまざまな数	*68*

はじめに

　数とは何だろう。いったい人はどうやって多くのものと一つのものを区別しているのだろう。ついでに言えば、どうやって3と2を区別しているのだろう。カラスは、四人までなら、自分がとまっている木の下にやってきた男たちのことを、あいつは疲れているな、こっちはお腹を空かせているな、と遠くからでも一人一人正確に識別できるという。ところが、五人になると……

　人は誰でも何らかの数にまつわる事柄を知っている。たとえば六角形の雪の結晶や7音からなる音階といったように。さらにいえば、現代人は10進法で数を数えるし、スツールを見ればそこには3本の脚がついている。こういった単純な知見のなかには、わたしたちが最初に出会う普遍的な真実も含まれているのだが、当たり前のことになってしまって、意識に上ることはほとんどない。どこか遠くの惑星で暮らしている子供達も、同様の発見をしているのだろうか。

　数の研究はかなり古くからある学問の一つだ。しかし、あまりにも古いことなので、その起源は定かではない。太古の文化では、陶器に印をつけたり、布に模様を織りこんだり、骨に刻み目を入れたり、紐に結び目を作ったりして数を表していた。石碑に彫ったり、神々の名を数字で表したりもしていた。やがて、中世の大学の四科、すなわち算術、幾何学、天文学、音楽のもとに、数の神秘に関する研究が統合されていった —— 中世の四科において、数の探求は不可欠なものであったからだ。

　科学の生みの親は魔術だといえよう。古代の学校では、魔術師たちが数の魔力について学んでいた。しかしその数も今では、量を表す場合でのみ使われており、秘数の教えはすっかり影をひそめてしまっている。そこで本書は、魔術的な数に関する初心者向けのガイドブックとして、「一なるもの」の中に含まれる数の本質と、その秘密の一端を明らかにしようと試みるものである。

モナド ～THE MONAD～

「一なるもの」

　「一なるもの」、唯一無二、神、超自然的な存在、驚異の鏡、永遠、永久不変…と1を表す言葉をあげたらきりがない。

　別の言い方をすれば、1を定義することなどできないということだ。なぜなら、1を語るということは、1を対象として見ること、つまり1から離れてしまうことになるからで、それではこの摩訶不思議な1の本質を、根本から見誤ることになってしまうのである。

　1はあらゆるものの極限を内包している。あらゆるものが生まれるよりも前から存在し、あらゆるものが消滅したのちにも存在し続ける。つまり、1は始まりであり終わりでもあるのだ。そして、あらゆるものに形を変える鋳型であり、あらゆる形の鋳型を包含しているただ一つの存在とも言える。その起源は宇宙の起源に等しく、宇宙そのものであり、宇宙が戻っていく中心でもある。1は点であり、中心であり、そして最終の目的地である。

　1はあらゆるもののなかで共鳴し、あらゆるものを同等に扱う。群を抜く安定性を持っており、1を掛けても1で割っても1は1にしかならない。それが何であれ、それはそれでしかないということである。1は孤独だ。1を理解できるものはどこにもいないのだから。

　あらゆるものが、打ち寄せる岸辺のない「一なるもの」という大海原に浸かり、1の特性を浸透させている。1の外には何もない。1のなかにも何もない。

　1はコミュニケーションの対象、あるいは概念を形成する対象にはなりえないということである。太陽の光や恵みの雨のように、1の愛は無条件であるにもかかわらず、その荘厳な姿は神秘のベールに包まれたまま、わたしたちを寄せ付けようとはしない。なぜなら、1は1にしか理解することができないからである。

　1は円であり、中心であり、そしてもっとも純粋な音である。

2 ～DUALITY～
正反対のもの

　コインには表と裏がある。そして、表があってはじめて裏が存在できる。2とは実像と影、相反する二つ、あるいは、分化され対象化された一対、ということができる。2とは「そこ」、「他方」、もしくは「これではなくあれ」であり、何かを対比する場合に不可欠なものである。なぜなら、わたしたちは二つのものを比べることによって物事を認識しているからだ。この神聖な2にもまた、数え切れないほどの名前がある。

　ピタゴラス学派にとって、2は性別のある分類された最初の数であった。2は偶数であり、女性数とされていた。2をさらに深く理解するために、ピタゴラス学派は相反する一対のものについて考えを巡らせた。たとえば「有限―無限」「単数―複数」「奇数―偶数」「右―左」「静―動」「直線―曲線」などである。電極のプラスとマイナス、あるいは、息を吐くことと吸うことを思い浮かべてもいいかもしれない。

　2という数は、2:1という比の形で音楽のなかにも現れる。たとえばある音を起点にして、その音の1オクターブ上の音と1オクターブ下の音の高さは、それぞれ2倍と1/2倍になっている。幾何学においては直線、二つの点、そして二つの円として表される。

　一対のものを表す時に、英語ではbiという接頭語を用いる。bicycle（自転車）、binary（二元体）がこれにあたる。また、物を二つに分けるという、2のもつもう一つの特質を表す場合には、discord（不一致）、diversion（転換）などのように、diという接頭語を用いる。だがなんといっても真っ先に思い浮かぶのは、self（自己）とnot-self（非自己）の区別であろう。

　現代の哲学者たちがどんなに考えを巡らせたとしても、古代の人々のようには、2を深く理解することはできないだろう。人は二つの目と二つの耳を通して前後、左右、上下を認識する。男と女はともに太陽と月のもとで暮らしながら、同じ大きさに見える太陽と月が、絶妙なバランスでそれぞれ昼と夜を照らしていることに、驚きを覚える。

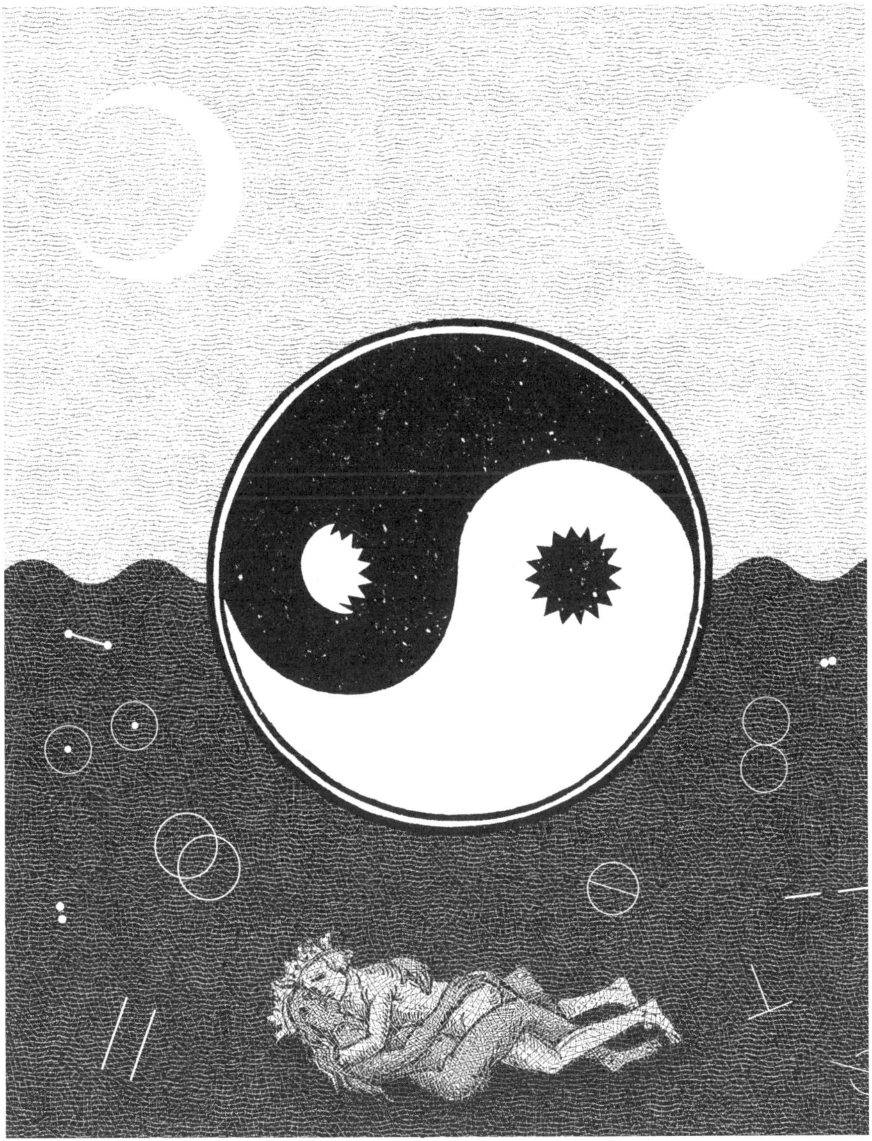

3 ～THREE～

多数

　文化によって男性数にも女性数にもなる3は、樹木のように天と地を結びつける。3は融和剤や仲介役として、相反する二つのものを結びつけている。3は統合、あるいは二つに分かれたのちの再統合を意味する数であり、古くから最初の奇数とされている［ピタゴラス派では1は数とみなしていなかった］。

　スツールは3本目の脚でバランスを保ち、三つ編みは3本目の房があって初めて編むことができる。物語、おとぎ話、そして宗教上の言い伝えのなかには、3が不吉な数として頻繁に登場し、過去、現在、未来を巧みに操っている。自然界の法則にも、誕生、命、死という三つ一組を見出すことができる。

　キリスト教では三位一体を三角形で表すことがあるが、三角形はもっとも単純で安定性のある多角形であり、これによってはじめて面というものを定義することができる。

　音楽のなかに現れる3:2と3:1は、それぞれある音から完全5度上の音と、そこからさらに1オクターブ上にある音の振動数比を表したものである。この二つのハーモニーはオクターブ以外で最も美しいものとされており、古代の調律では重要な役割を担っていた。

　二つの円を部分的に重ねることによって生まれるヴェシカ・パイシス（右図上左）は三角形を生じさせる。また、円とその円に内接する正三角形の面積の比2:1は、1オクターブを規定する比率であり、下図左の（大きい円から小さい円を抜いたリング）の面積は、小さな円の面積の3倍になっている。下図中央に描かれている円錐、球、円筒の体積の比は1:2:3になる——これはアルキメデスお気に入りの発見である。

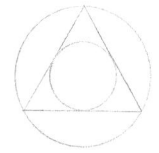

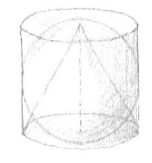

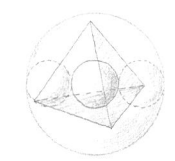

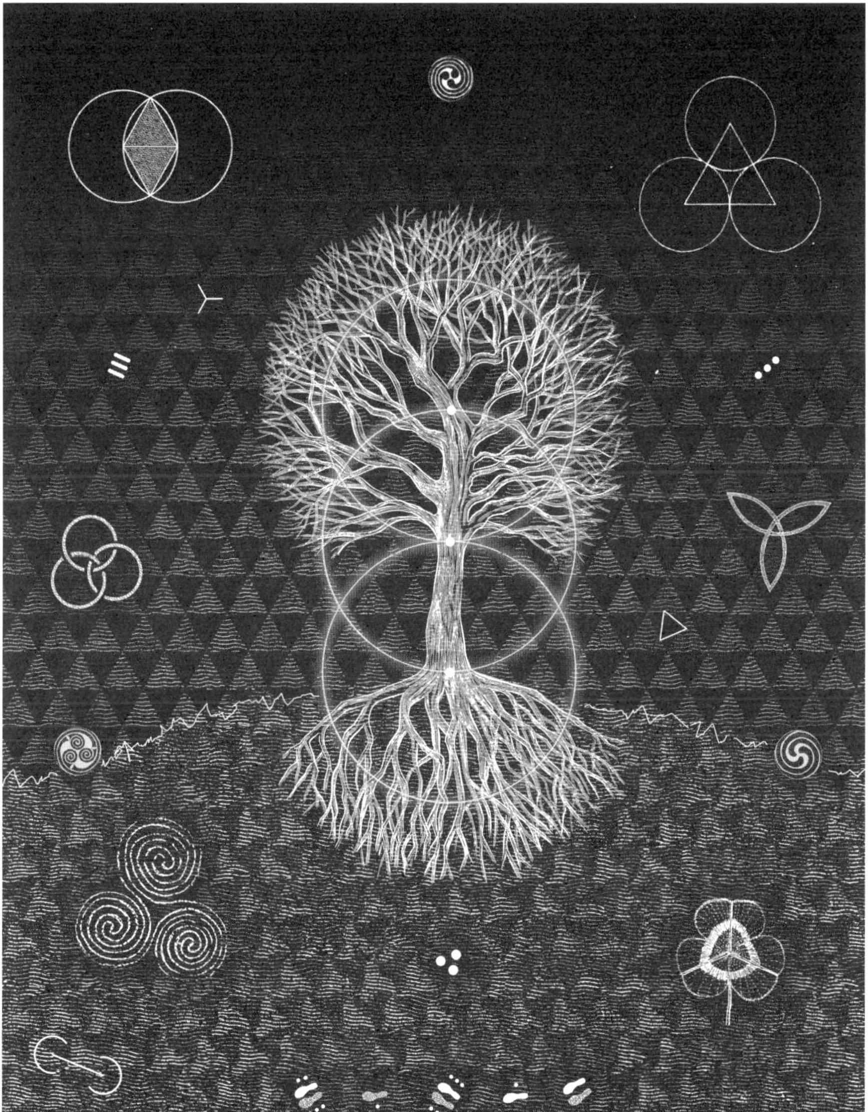

4 ～QUATERNITY～

ツーペア

　4になると地上の世界におりてくる。4は地球と自然界を象徴する数である。4は2×2という素数の積によって得られた最初の合成数（自然数で、1とその数自身以外の約数を持つ数）である。また、1をのぞくと最初の平方数でもある。

　4は三次元空間の基礎となる数である。もっとも単純な立体である四面体は、三角形が面を構成するように、四つの面、四つの点で立体を構成している。

　4は火、風、地、水という古代の四つの元素と結びついている（右頁右上）。この図では、正方形の四つの頂点を通る円と、正方形に内接する円によって作り出されたリングが天空を表しており、リングの面積は正方形に内接する円の面積と等しくなっている。冬至と夏至、春分と秋分が1年を四つに分け、馬は4本足で歩く、というように地球上には4という数があふれている。

　四角形としての4は十字と深く結び付いている。十字と四角形の組み合わせは、建築物の方位を決める際におこなわれる、伝統的な儀式の中に組み込まれている。建築物の中央に位置する柱は、その影が日の出や日没時に、東西に延びる象徴的な軸と重なるように建てられるのだ。このクアドラチュア（quadrature—四角を十字で区切る）の原則は万国共通のものであり、古代中国の書物や、ウィトルウィウス（BC1世紀、ローマ帝国の建築家）の著作の中にも見つけることができる。そして、クアドラチュアという語は、都市の中の一区画を呼ぶときに使うクオーターズ（quarters）として今でも残っている。

　すべての物質は四つの粒子、プロトン、ニュートロン、エレクトロン、そしてエレクトロン・ニュートリノによってつくられている。

　また、4は3番目の倍音として音楽のなかにも登場する。3番目の倍音とは、基音に対して振動数比率が4:1となる2オクターブ上の音をさしている。ほかにも、完全4度の周波数比は4:3であり、完全5度とともにオクターブを形成している。

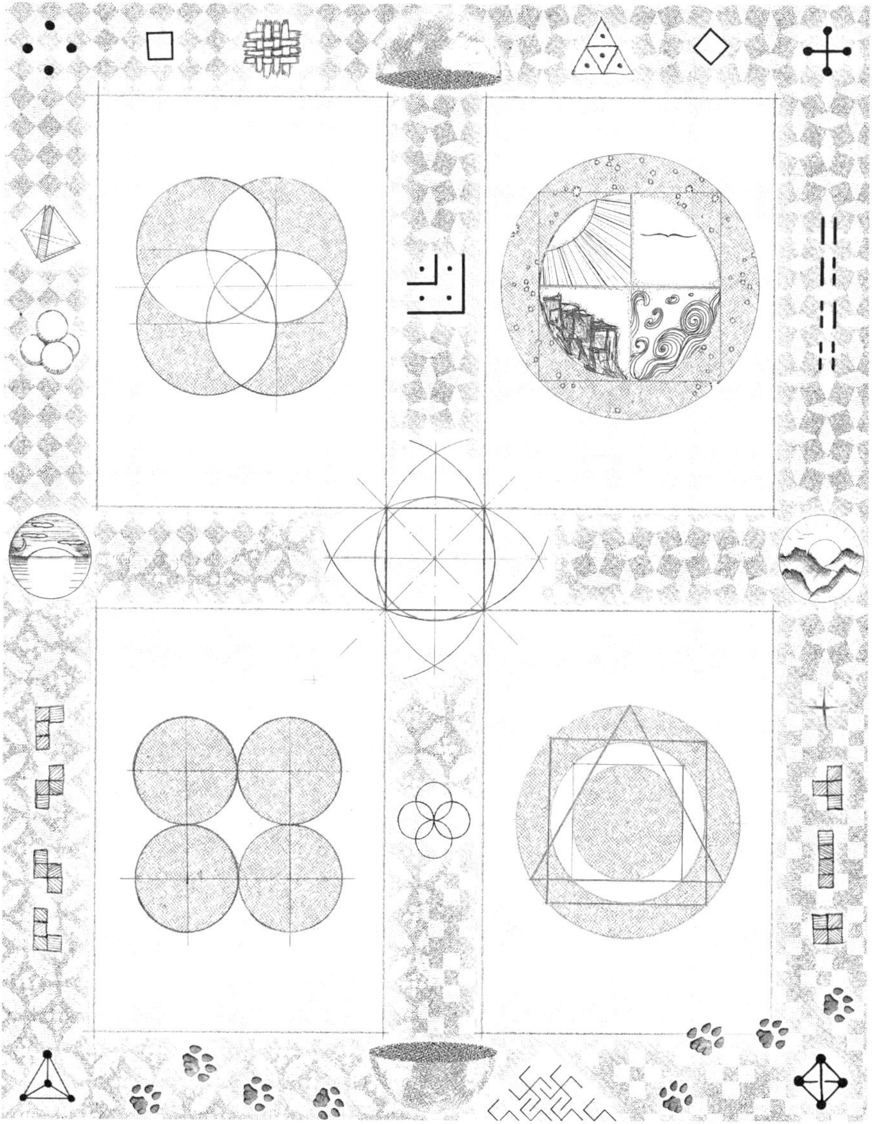

5 ～PHIVE～

命そのもの

　5は不思議な性質をもった数である。子どもたちは教えられなくても五芒星(ごぼうせい)を描き、わたしたち大人も五芒星のなかに何らかのエネルギーを感じている。

　5は男性と女性を結びつける数である。2を男性、3を女性と考える文化もあれば、3を男性、2を女性と考える文化もあり、5は一般に再生や命を表す数とされている。水を表す数だともいわれているが、水の分子の結合角をみると、正五角形の内角とほぼ等しいことがわかる。水は柔軟な二十面体の結晶構造になっている。正二十面体は正多面体（プラトンの立体と呼ばれるもの）の一つであり（下図、右から2番目）、五つの三角形で一つの頂点を形成している。水は流動性、活力、そして命に満ちており、干からびたものは死んでいるか、そうでなければ水の到来を待っている。

　5という数はリンゴや花の形に、あるいは人の指に見出すことができる。愛と美の女神とされ、地球に最も近い惑星金星は、太陽の周りをめぐりながら（右図上左）地球の周りに美しい五弁の花を描きだす。

　きわめて一般的な音階である5音音階は、2音と3音からなる五つの音からできている（ピアノでいえば黒鍵の部分）。ルネサンス期には、5という数を含む音程、すなわち長3度の音程が求められるようになった。長3度の振動数比は5：4。ここに現代的な音階が生まれた。また、5とは3と4の辺を持つ長方形の対角線の長さでもある。

　三角形や四角形とはちがい、五角形は平面には見向きもせず、三次元空間において五つ目の元素（下図右端）になるのを待っている。

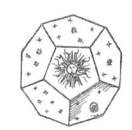

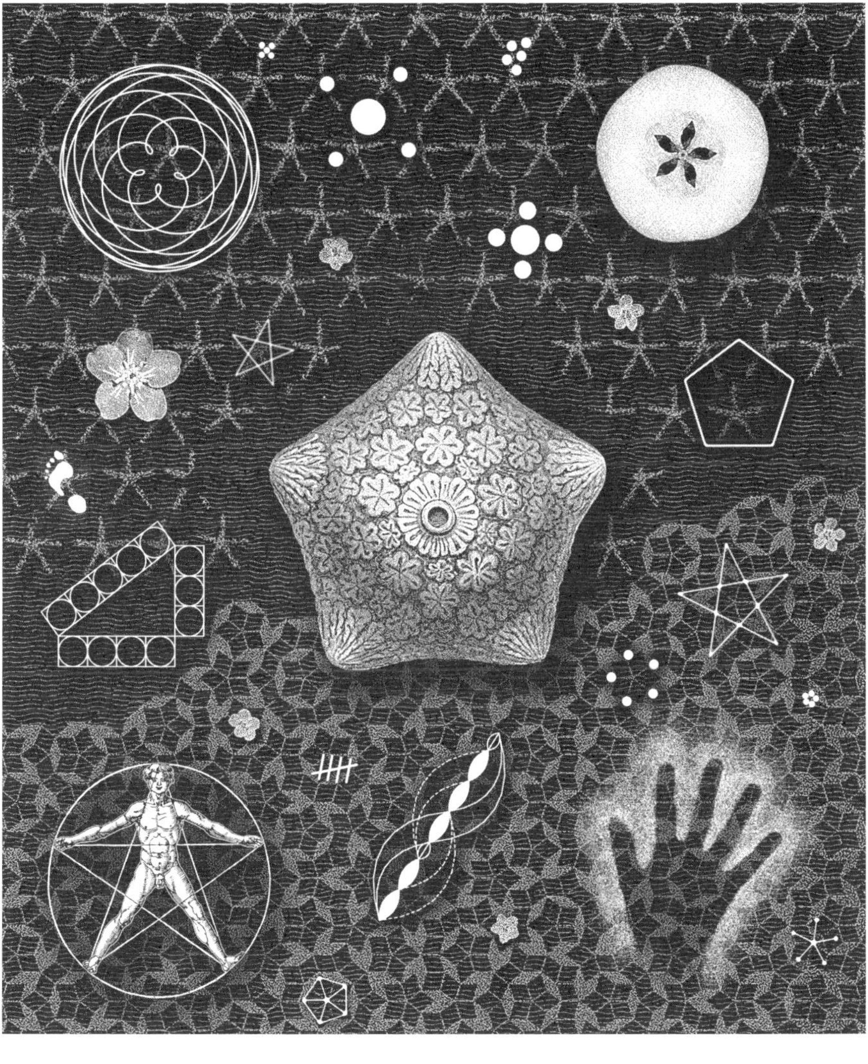

6 〜ALL THINGS SIXY〜

六角形

　美しい雪の結晶を連想させる6は、完全、体系、秩序をもたらす数である。偶数2と奇数3という男女をあらわす数の積であることから、結婚を意味する数ともいわれている。また、聖書のなかに「神は万物を6日のうちに作られた」とあるように、この数は創造をも意味する。

　ある数を割ることのできる数は、その数の約数と呼ばれる。1から5までを含むほとんどの数が、その数自身を除いた約数の和よりも小さい。いわゆる不足数と呼ばれるものである。ところが6の場合は、6自身を除いたすべての約数（1と2と3）の和が6となる。このように、その数自身を除く約数の和が、その数自身と等しい自然数を完全数という。つまり、6は最小の完全数である。

　円周上に起点を置き、その点を中心に元の円と同じ大きさの円を描き、さらに新たな円と元の円の交点を中心にして繰り返し円を描いていくと、元の円の円周を六等分し、さらには元の円に内接する正六角形を描くことができる（右頁左上図）。さらに一つの円の周りには、その円と同じ円を六つ描くことができる（右頁右上図）。三角形、四角形同様六角形もまた、同一の図形で平面をぴたりと埋め尽くすことができる多角形である（右頁背景）。

　三次元は前、後、右、左、上、下と六つの方向がある。この六つの方向は六面体の面、八面体の角、あるいは四面体の辺として表される。

　6は雪の結晶、水晶、黒鉛のような結晶構造の中に幅広くみられる数であり、有機化学の基礎となる炭素原子の六角形（ベンゼン環）としても見出すことができる。これには水も付け加えなければならない。

　面白いことに、3：4：5の比率で知られているピタゴラスの三角形は、その面積と周の1/2が6になっている。

　昆虫は6本の足で這い、ミツバチは水気のないロウのような分泌物をだして、本能の命じるままに六角形の蜂の巣を作る。

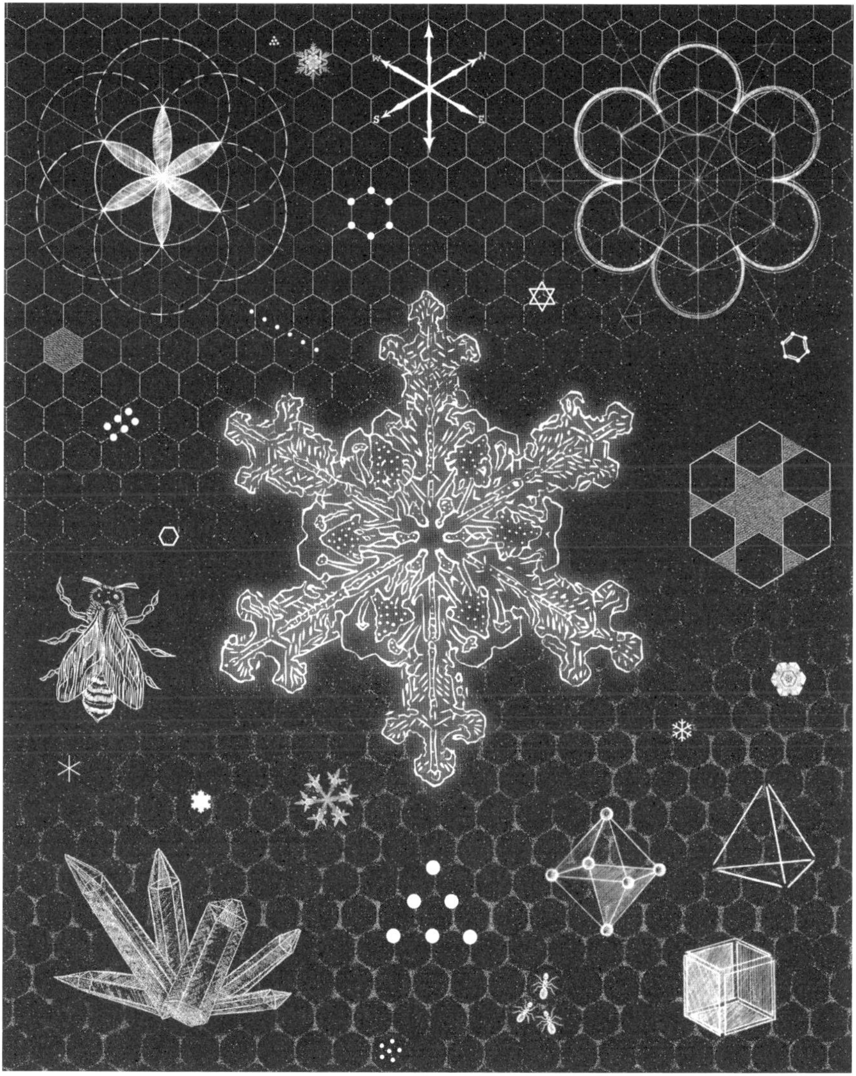
W
N
S
E

7 ~THE HEPTAD~

7人姉妹

　7は清らかな数である。ひっそりとたたずみ、ほかの数とはほとんどまじわりをもたない。音楽の世界に目を向けると、7音音階は、その姉妹である5音音階と同じくらい自然な響きをもっている。7音とはピアノでいえば白鍵の部分を指しており、各音を最初の音として七つの音階を構成する。他のあらゆる数同様、7も先行する6までの数を包含している。空間におきかえて考えると、一つの点から六つの方向へ放射するように、あるいは六つの円が七つ目の円を取り囲んでいるように（右図左中央）、7は六つのものの中心として機能する。

　また、月の位相は28日（4×7）に月の出ない神秘的な晩である1日から2日を加えた日数で一巡する。

　人の目が実際に感じているのは光の三原色——赤、緑、青である。この三色を混ぜ合わせることによって、黄、シアン、マゼンダ、白などの四色がつくられる（右頁下左図）。古代インドでは、「チャクラ」と呼ばれる七つのエネルギーセンターが身体のなかを走っていると考えられていた。現在わたしたちは、この「チャクラ」を七つの内分泌線として理解している。

　古代の七つの惑星は、地球上から見たときの速度の順に並べられている（右図上中央）が、右頁の左上に示された金属の並びや、右頁の右上に示された曜日とも一致している。西洋の古代ではつぎのように惑星、金属、曜日が関係づけられた。☽月—銀—月曜日、☿水星—水銀—水曜日、♀金星—銅—金曜日、☉太陽—金—日曜日、♂火星—鉄—火曜日、♃木星—錫—木曜日、そして♄土星—鉛—土曜日。

　帯状装飾には七種類のパターンしかなく（右端から左端にかけて）、結晶格子（結晶内の粒子の配置構造）にも七種類の晶系がある（右図中央の周りに配置）。そして伝統的な迷路も七つのうず巻きでできている（右図中央）。

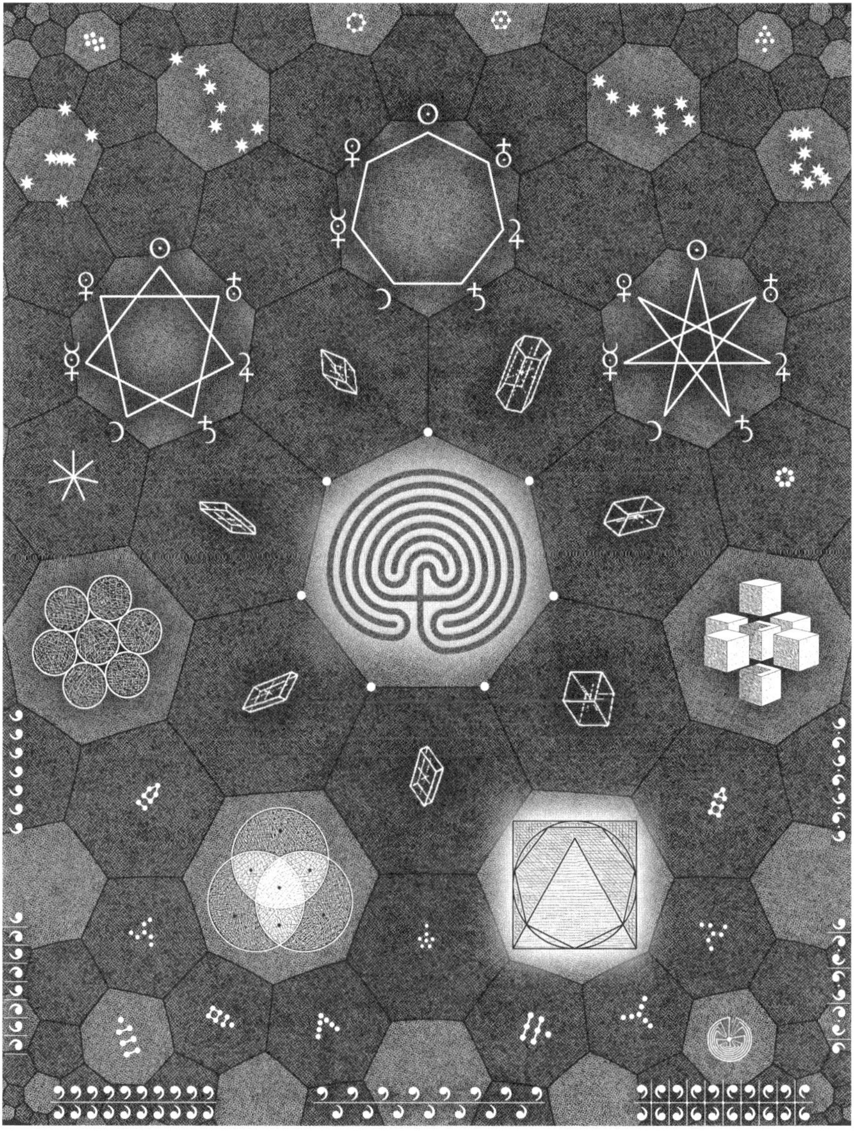

8 ～EIGHT～
二つの四角

　8は2を3回掛けたもの、すなわち1の次に小さな立方数である。立方体には8個の頂点があり、正八面体には八つの面がある。分子のレベルで見ると、8は原子の最外殻に現れる。原子はその最外殻に8個の電子があると安定する。たとえば硫黄の原子に例をとると、硫黄の原子の最外殻には6個の電子しかないために、八角形のリング状になって不足の電子を互いに補い合っている。

　建築の分野では、丸と四角に象徴される天と地をつなぐ数だと考えられている。丸屋根が8本の優美な梁に支えられて、立方体の建物をおおっている姿をわたしたちはよく見かける(右頁下中央)。

　東洋では、宗教や神話の世界で崇められていた数である。古代中国の占いの書である易経では、二種類の爻を三つずつ組み合わせた八組の卦を基礎としている。右中央に描かれているのは「先天図」と呼ばれるもので、宇宙における理想的な生成を表したものである。それぞれの卦が向かい合う卦と一対になっていることに注目してもらいたい。

　宗教では、8段階目を象徴的なものとして、精神的な発展および救済と結びつけて考えることがよくある。また、7音音階では、第8音を第1音の2倍の高さ、つまり1オクターブとよび、新たなレベルへの移行を示している。

　現代では、コンピュータが8ビットからなる「バイト」とよばれる単位で考え、自然界を見れば、クモには8本の足があり、タコには8本の触腕が付いている。

17

9 〜THE ENNEAD〜

3×3

猫は九回生まれ変わり(cats have nine lives)、できる限りのおしゃれをして(dress to nine)、いつでも楽しそうに暮らしている(on cloud nine)。このように、9は英語の慣用句でよく使われる数である。

9は3の3倍であり、奇数では最初の平方数である。そしてなにより、この数があれば、縦、横、斜めにあるどの三桝を選んでも、その合計が等しく15になるという魔方陣を作ることができる(右図中央)。この魔方陣が最初に発見されたのは、今からおよそ4000年前のことである。なんでも、中国の洛水で治水工事を行っていたときに、背中に9の魔方陣をしるした亀が現われたということだ。

3×3は2×2×2よりも1多い。音楽の世界では、9:8という振動数比が極めて重要な全音を規定している。音階は全音という種子から生まれたものであり、オクターブのなかで最もシンプルな音程とされる完全5度(3:2)と完全4度(4:3)の振動数比の差にもなっている。

三次元立体には、五つのプラトンの立体のほかに、ケプラー・ボアソンの立体と呼ばれる四つの星型正多面体がある(右頁中央の周辺)。

9は、上皮細胞に生えている触手のような繊毛の断面や、細胞分裂の際には欠くことのできない中心体を構成する微小管の数として、人体のなかにも見ることができる。

天使には九つの階級があり、さまざまな古代神話では九つの世界が語られている。

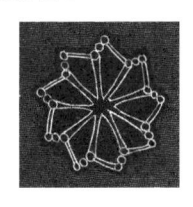

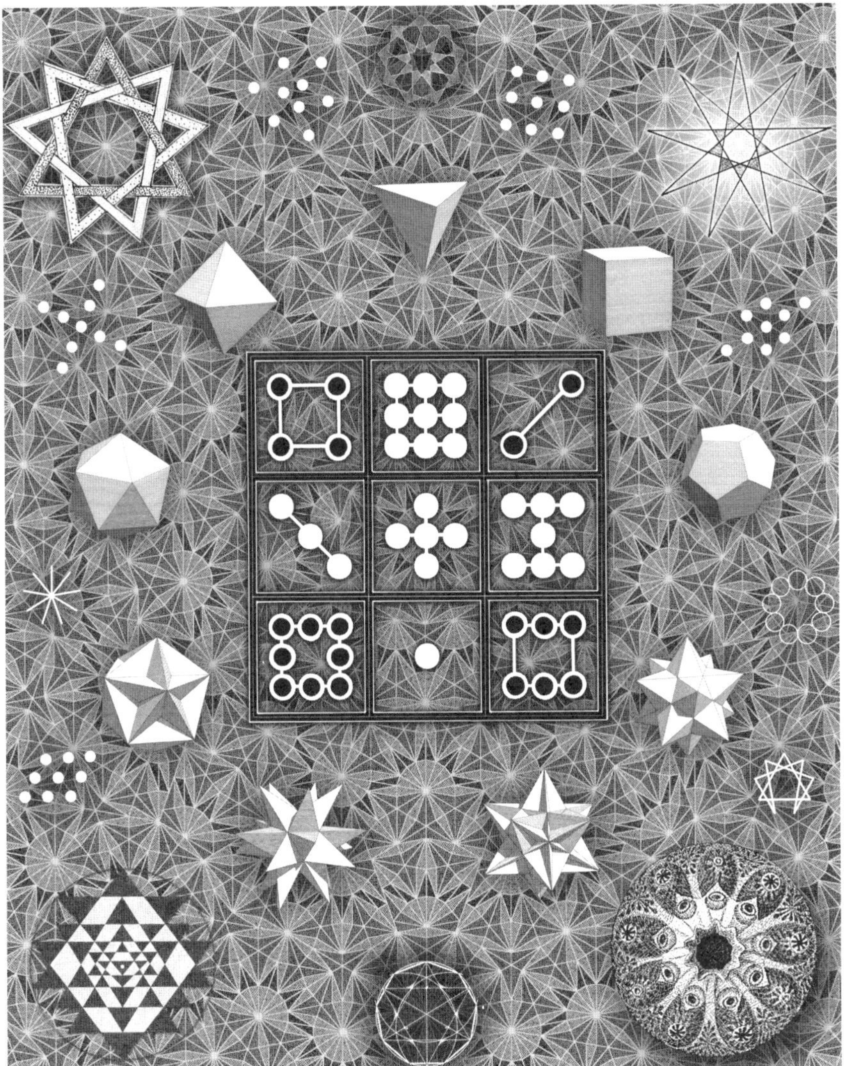

10 〜TEN〜

手の指

人の手には10本の指がある。おそらくこの事実がわたしたちのうちに10という数に対する愛着を生んだにちがいない。インカ、インド、ベルベル、ヒッタイト、そしてミノア文明などでは、10を基底とした計算方法が採用されていた。今日、わたしたちも10進法を使っているが、10が5と2から生まれたものだと考えれば、10という語が、インド・ヨーロッパ語族で二つの手を意味する dekm に由来しているというのもうなずける。

10は1＋2＋3＋4、つまり最初の四つの自然数を合わせたものである。ピタゴラス学派はこの事実を非常に重要なものだと考え、テトラクティス（右図中央の黒い点）という形にして後世に伝えた。ピタゴラス学派は10を宇宙、神、あるいは永遠と呼んだ。10は4番目の三角数（右図中央の黒い点―正三角形の形に点を並べたときにそこに並ぶ点の総数にあたる自然数）であると同時に、3番目の三角錐数（右図右下―三角錐の形に点を並べたときにそこに並ぶ点の総数にあたる自然数）でもあり、二次元や三次元を形成する数としても重要である。

命を連想させる五角形が十角形のまわりに十弁の花を咲かせるように（右頁中央）、命を再生する鍵と呼ぶにふさわしいDNAは、10段で二重らせんを一回りして、その断面に10弁のバラの花を咲かせている（右図上左）。

ユダヤ・カバラの奥義を図形化したセフィロトの樹（命の樹―右図下左）は、10個のセフィロトからできている（62頁参照）。またゴシック建築を分析してみると十芒星（右頁右上）があらわれることがよくある。

プラトンは、10のなかにすべての数が含まれていると考えたていた。おそらく、おおかたの現代人もそう思っているのではないだろうか。なぜなら、1から10までの数を使えば、どんな数でも表すことができるのだから。

21

11 ～ELEVENSES～
月と測量

　11は暗く謎めいた数字である。ドイツ語ではエルフ（Elf）というが、この数にはいかにも似つかわしい呼び名だ（エルフには小妖精という意味がある）。だがここで肝心なのは、11が円周率の発見を導いた数だということである。その根拠として、直径7の円の半周が約11になるということをあげておく（右図上左）。

　7と11の関係は、古代のエジプト人にとってきわめて重要なものだった。エジプト人たちは、この関係を基礎にして大ピラミッドを設計している。大ピラミッドの立面図をみると、ピラミッドの正方形の土台とその周りに描かれた円の周が同じ長さになっている（右頁右上図）。古代のエジプトでは、正方形から円、あるいは円から正方形への変換が意図的に行われていたことが、数多くの調査で証明されている。

　古代人は測量に熱心だった。その際に中心になった数が11である。月の大きさと地球の大きさの比率が3：11になるという、驚くべき発見が右の頁に示されている。図のように月を地球の上に置いて地球の周りを一周させると、月の中心が描き出す円周と、地球が内接する正方形の周の長さが一致する。これが「円の正方形化」といわれるものである。どの程度まで理解していたかはわからないが、大昔のドルイド僧たちがこの事実を知っていたことは確かだろう。なぜなら、マイルの単位であれば、月と地球の大きさを簡潔に表すことができるからだ（右頁下の数式）。

　11、7、3は、フィボナッチ数の姉妹ともいえるリュカ数である。フィボナッチ数もリュカ数も次にやってくる数がすぐ前の二つの数の和になっている。フィボナッチ数列の場合は、1、1、2、3、5、8と並び、リュカ数列の場合は、1、3、4、7、11と並んでいる。

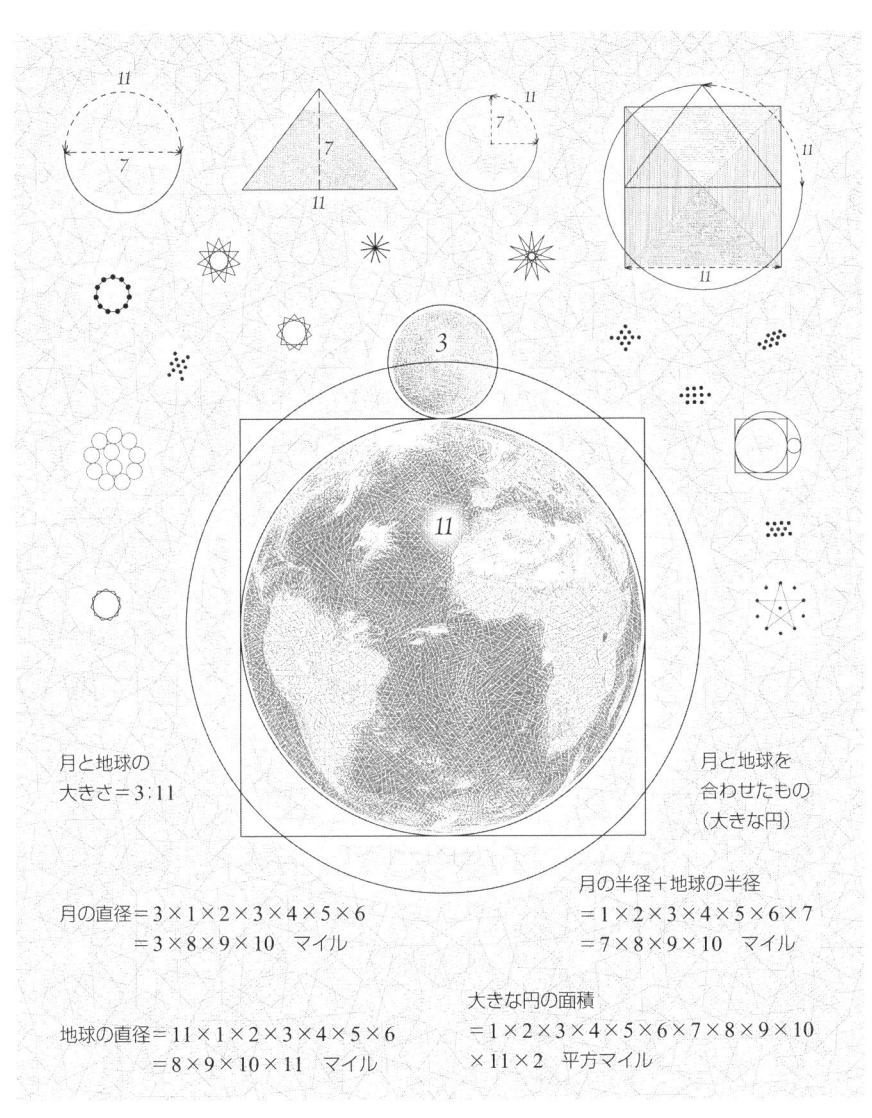

月と地球の
大きさ＝3：11

月と地球を
合わせたもの
（大きな円）

月の直径＝3×1×2×3×4×5×6
　　　　＝3×8×9×10　マイル

月の半径＋地球の半径
＝1×2×3×4×5×6×7
＝7×8×9×10　マイル

地球の直径＝11×1×2×3×4×5×6
　　　　　＝8×9×10×11　マイル

大きな円の面積
＝1×2×3×4×5×6×7×8×9×10
　×11×2　平方マイル

12 ~THE TWELVE~

天空と地球

　約数のうちその数自身を除くものをすべて足したものが、その数よりも大きくなる数を過剰数と呼ぶ。12は、約数となる1、2、3、4、6をすべて足した数よりも小さい、最小の過剰数である。円周を12等分するように点を打ち、その点をつないでいくと、四つの三角形、三つの正方形、あるいは二つの六角形ができる（右図中央）。また、12は3と4が生み出したものという考えから、3と4の和である7と関連づけられる。

　12はまるで三次元を祝福しているかのようだ。正六面体と正八面体には12の辺があり、正二十面体には12個の頂点がある。さらに、正二十面体の双対図形である正十二面体は、12個の正五角形からできており、一つの球の周りには12個の球が並んで、立方八面体を形成する。

　7音音階は、五つの全音と二つの半音で成り立っているが、現代音楽では、7音音階の構成要素である五つの全音を二つに分け、12の均等な半音からなる音階を用いている。

　不思議なことに、ピタゴラスの三角形を斜辺の値が小さいほうから順にならべていくと、3：4：5の次が5：12：13の三角形になる（51頁参照）。さらに12は太陽の周りに並んだ星座の数であり（右頁中央周辺）、イスラエルの部族の数でもあった。古代中国、エジプト、ギリシアでは、街が12の区画に分けられていた。そして、1年が12か月であることも忘れてはならない。また、物質を構成する最小単位である素粒子は、三世代、12種類に分類される。

（注）双対図形とは立体の頂点と面を入れ替えた立体のこと。たとえば、正六面体と正八面体、正二十面体と正十二面体はたがいに双体である。また正四面体の双対多面体は正四面体である（自己双対）。

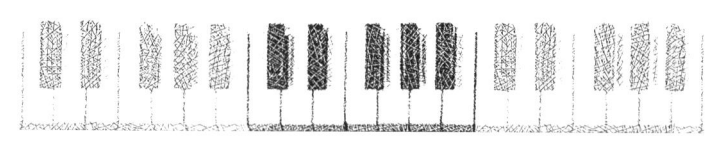

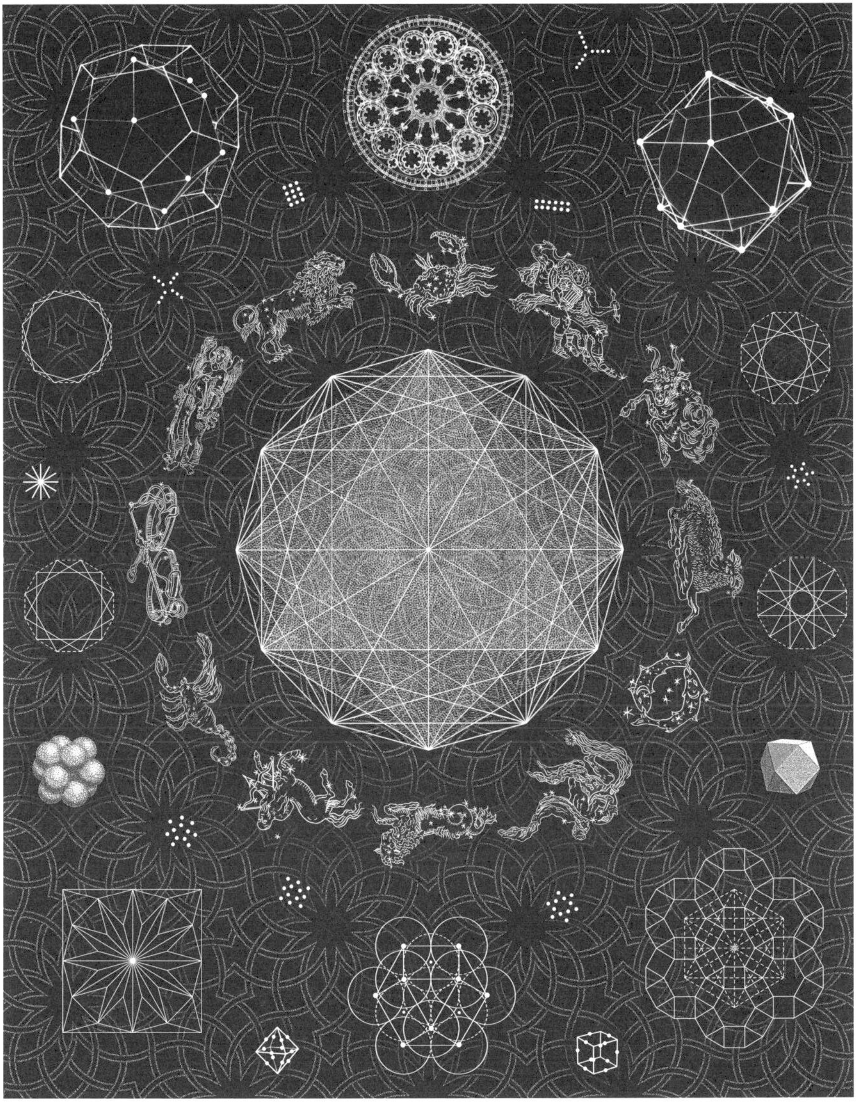

13から20 ～COVENS AND SCORES～
より大きな数へ

　残念ながら、紙数に限りがあるので、この本のなかですべての数に触れることはできない。さらに大きな数については後ろの小事典をご覧いただきたい（63～68頁）。

　古代のマヤ人たちから愛された13は、コヴン（魔女の集会の意）とも呼ばれ、トランプ・カードでは中心的な役割を担っている。また、フィボナッチ数であり、金星の動きのなかにも現れる数である。金星の13年はわたしたち地球の8年に等しい。13を不吉な数と考えてはいけない。12人の使徒にキリストを加えれば13になり、半音階では13番目の音があってはじめてオクターブが完成するのである。

　14や15もそれぞれに個性的な数字だ。素数を除けば、14、15という数から、因数の積、例えば2×7や3×5といった形で把握できるようになってくる。

　16は2×2×2×2であり、2の平方数でもある4の平方数である。

　17は神秘的な数字だ。日本の俳句は17文字、古代ギリシアの詩形の一つヘクサメトロスなども17音節からできている。

　9の2倍、あるいは6を3倍した18と、素数である19はともに月と深く結びついている（32頁）。

　20は英語でスコアとも呼ばれ、手足の指を合わせた数である。20を数の基礎としてきた文化は多く、右頁に示したように、数を指で数える方法は中世のヨーロッパ市場で広く採用されていた。

　フランスではいまだに80をquatre-vinget（キャトル・ヴァン、4×20）という。そして古代のマヤ人もまた、精巧な20進法を用いていた（下図、1から19までの数）。

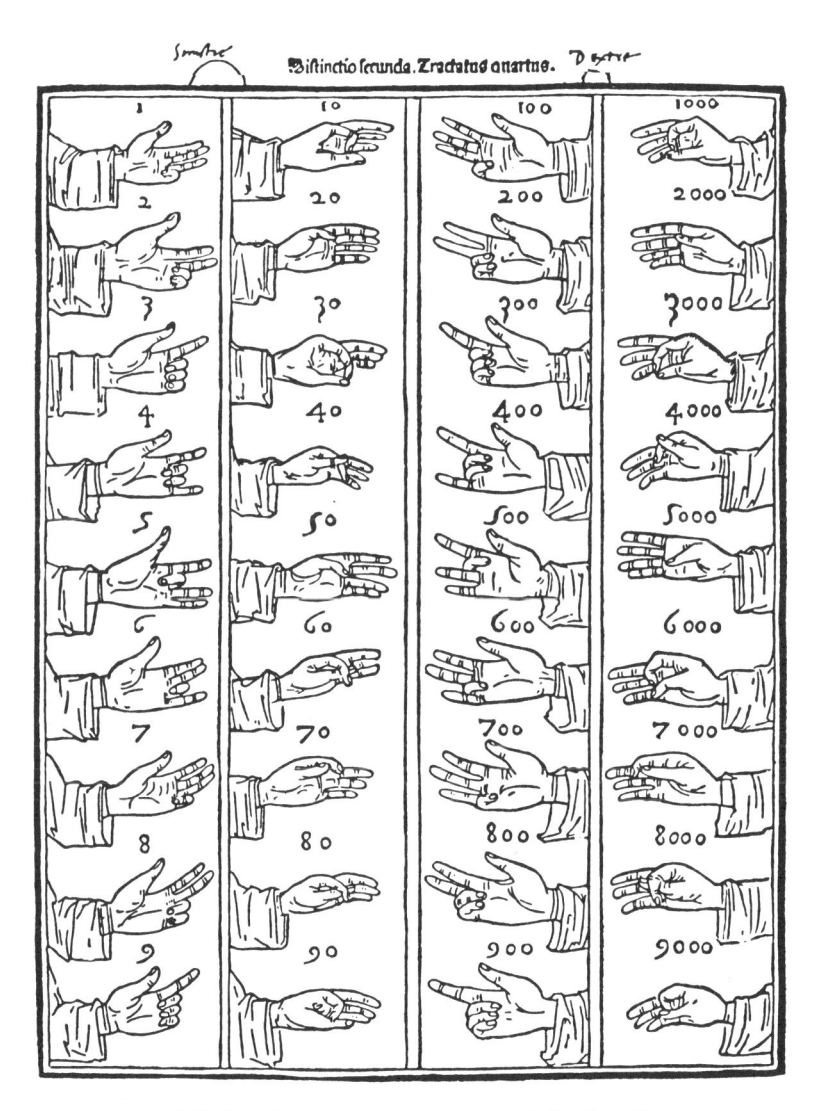

Distinctio secunda. Tractatus quartus.

1	10	100	1000
2	20	200	2000
3	30	300	3000
4	40	400	4000
5	50	500	5000
6	60	600	6000
7	70	700	7000
8	80	800	8000
9	90	900	9000

left hand   right hand

中世の四科

中世の教養

　人はどのようにして数量以外のものを数から感じ取っているのだろう。数とはいったい何なのだろうか。伝統的な学問体系の一つに自由七科がある。論理学、修辞学、文法といった、詩を含む弁舌の才を鍛える三科に、算術、幾何学（数を空間で表す）、音楽（数を時間で表す）、天文学（数を時間と空間で表す）の四科を加えたものである。音階の基礎となる振動数は、振動や波動が単位時間あたりにくりかえされる回数である。

　算術は、因数、素数、完全数、あるいはフィボナッチ数やリュカ数（69頁参照）のような、空間や時間とは関係のない主題から構成されている。

　一方、空間をあつかう数は独特な魅力を放っている。空間はどのようにして数を形にしているのだろう。右頁には3個の正平面充填形（右頁上左）、5個の正多面体（上右）、8個の非正規平面充填形（中央左）、そして13個の半正多面体が描かれているが、どれをみても、それぞれの数がもつ性格をよく特徴づけている。

　音楽のなかに現れる数は（右頁下）、1:1（同音）、2:1（オクターブ）、3:2（5度）、4:3（4度）、というようなもっとも単純な比から驚くような旅を始める。また、完全5度と完全4度の振動数比の差は9:8（全音）となり、音楽では、数が分数という形で展開していくことがよくわかる。

　こういった時間と空間に関する数の実態は普遍的なものである。もし、知性が存在するかもしれないどこかの銀河で、似たような音色が奏でられているとしたら、彼らにとっても、完全5度やオクターブは快く響いているのではないだろうか。そして、五つの正多面体についても知っているにちがいない。

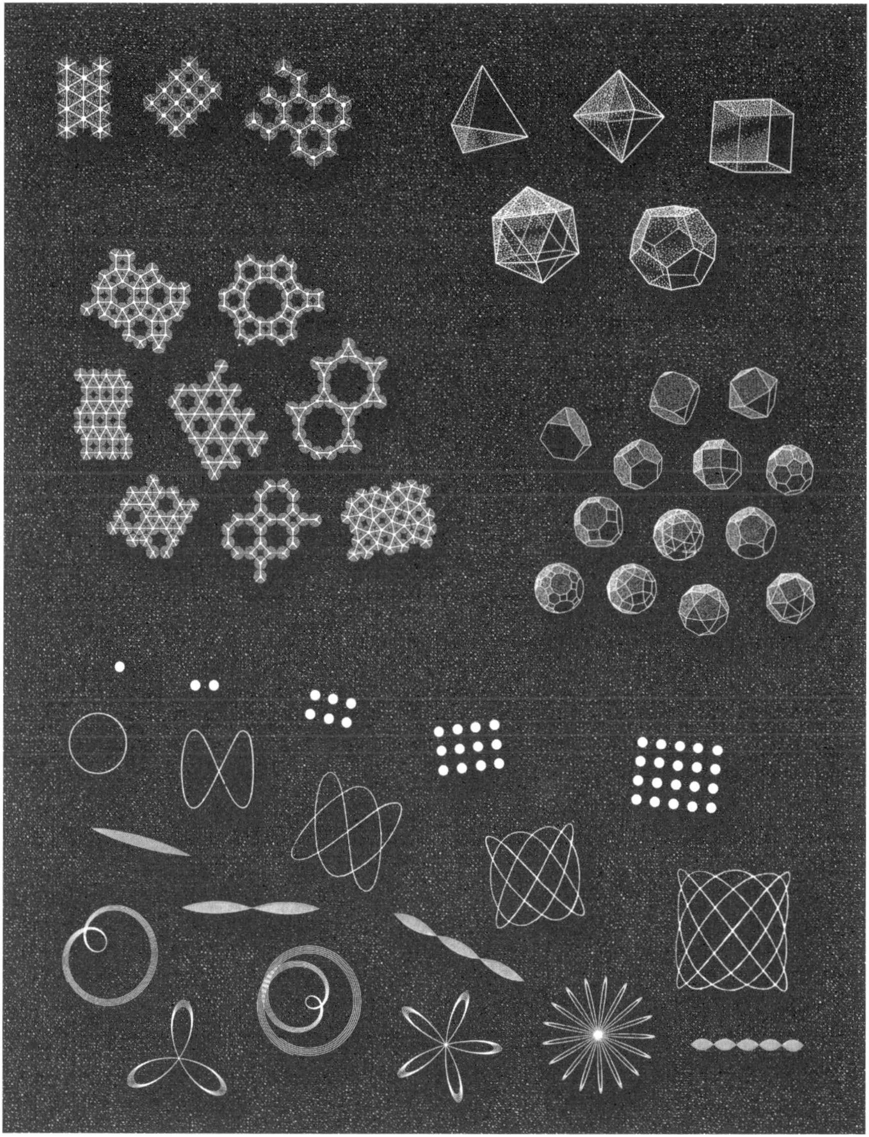

グノモンズ
成長の仕方

　アリストテレスは、大きさ以外には形を変えずに成長していくものを観察した。そして、ギリシア人たちが「グノモン成長」と呼んでいたもののなかに、ある法則を見出した。グノモンとは、もともと大工道具の一つにつけられていた名前だが、ここでは、もとの形とはちがう形を加え、その結果できた形がもとの形と類似したものになるという法則のことである。やがて、グノモンについての考察が、原形を維持したまま成長していくという、自然界ではもっとも一般的な成長の法則を理解することへとつながっていった。骨、歯、角、そして貝殻のように、永続性の高い組織ほどグノモン的な成長をしている。

　古代の人々は、整数比で表すことのできる数列や模様に漠然とした興味を感じていた。その例として、プラトンのラムダ（右図中左）と比例長方形（右図中右）をあげることができる。プラトンのラムダにはあらゆる音程の振動数比が表されている。比例長方形はギリシア建築などにみられ、一つ前の長方形の対角線上に次の長方形が描かれていくというものである。フィボナッチ数列はかなり時代がくだってからの発見であるが、それを司る法則はグノモン成長と同じである。

　メキシコ市北端に位置するテナユカにあるアステカ神殿の断面図をみると（下図）、その構造が52年ごとにグノモン的な成長をしていることがわかる。アステカのカレンダーはマヤから受け継がれたものであったが、そのカレンダーが一周した52年ごとに、あらたな構造物が加えられていった。

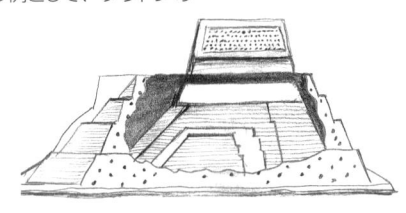

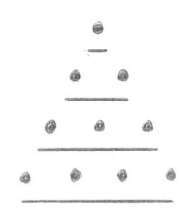

三角形数：三角形を描きながら1、3、6、10の順で数が増えていく。

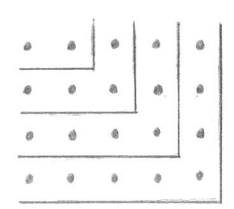

長方形数：長方形を描きながら2、6、12、20の順で数が増えていく。

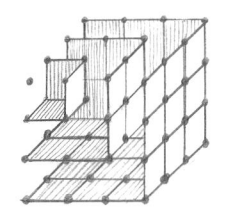

平方数と立方数：正方形の面は1、4、9、16の順で増加する、立方数は1、8、27、64の順で増加する。

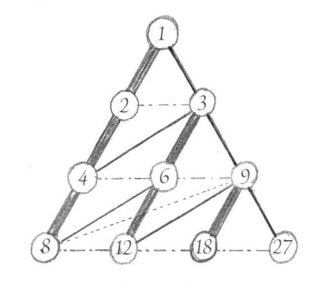

ラムダ：太い線はオクターブ(2:1)を表し、反対側の細い線は3の倍数で下降している。完全5度(3:2)、完全4度(4:3)、全音(9:8)なども表されている。

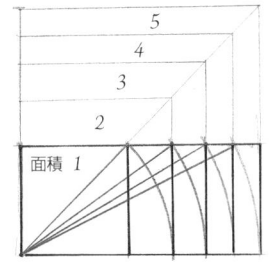

比例長方形：正方形1から始め、順次一つ前の長方形の対角線を底辺とする長方形を描いていく。

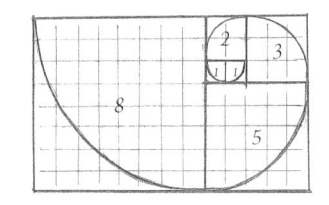

黄金螺旋：正方形1から始め、螺旋を描くように新しい正方形を加えていくと、正方形の大きさは1、1、2、3、5、8、13、21、34、55とフィボナッチ数列で大きくなっていく。

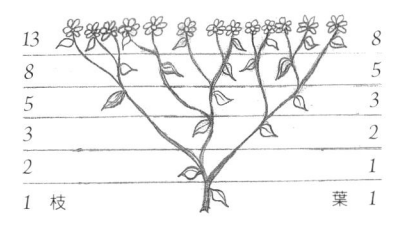

数の成長：枝葉
フィボナッチ数列はさまざまな生命体に現れる。ヒナギクの枝と葉の数にもフィボナッチ数列が見られる。

時間と空間
宇宙に現れた数

　周りを見渡すと、地球を取りまく天空や科学の領域には、なんらかの意味をもった数がいくつも存在している。

　たとえば、1太陽年には満月がほぼ12回訪れるが、12朔望月は354日であり、1太陽年の365日には11日足りない。したがってイスラム暦のように、1年を12朔望月とする太陰暦は、太陽暦と少しずつずれてゆき、33年（3×11）たたなければ再び同じ日付になることはない。

　他にも18と19のように、太陽と月を結びつける数がある。食は18年ごとに暦上の同じ日に起こり、ある日に見た満月は19年後の同じ日に再び同じ位置にやってくる。ストーンヘンジでは（右図下）、馬蹄形に並べられた19個のブルーストンがこの周期を示している。また、59日ごとに満月が2回訪れる周期も、ストーンヘンジにある30個のサーセン石からなる円環（そのうちの一つは幅が半分になっている）が示している。

　金星は8年かけて、地球の周りに五つに分かれた幾何学模様を描いているように見えるし（右図中央）、99（9×11）という8年間に訪れる満月の回数は、イスラム世界では神聖な数とされている。

　さらに大きな周期、たとえば、25920年というグレート・イヤー（歳差運動周期）と呼ばれる数のなかにもまた様々な特性が隠されている。うお座の時代、あるいはみずがめ座の時代といったように、黄道12宮で呼び分けられているグレート・マンスは、それぞれ2160年間続くが、この2160という数は、月の直径をマイルに換算した数に等しい。12のグレート・マンスが、古代の西洋人たちにとって25920（2160×12）という数を価値あるものにしたのである。

　古代のマヤ人は優れた天文学者であった。マヤのカレンダーには、太陽と月ばかりではなく、金星や火星の周期をも組み込んでいたいた。彼らは2392（8×13×23）日間に81（3×3×3×3）回の満月が訪れること知っていた。驚くほど正確な計算である。

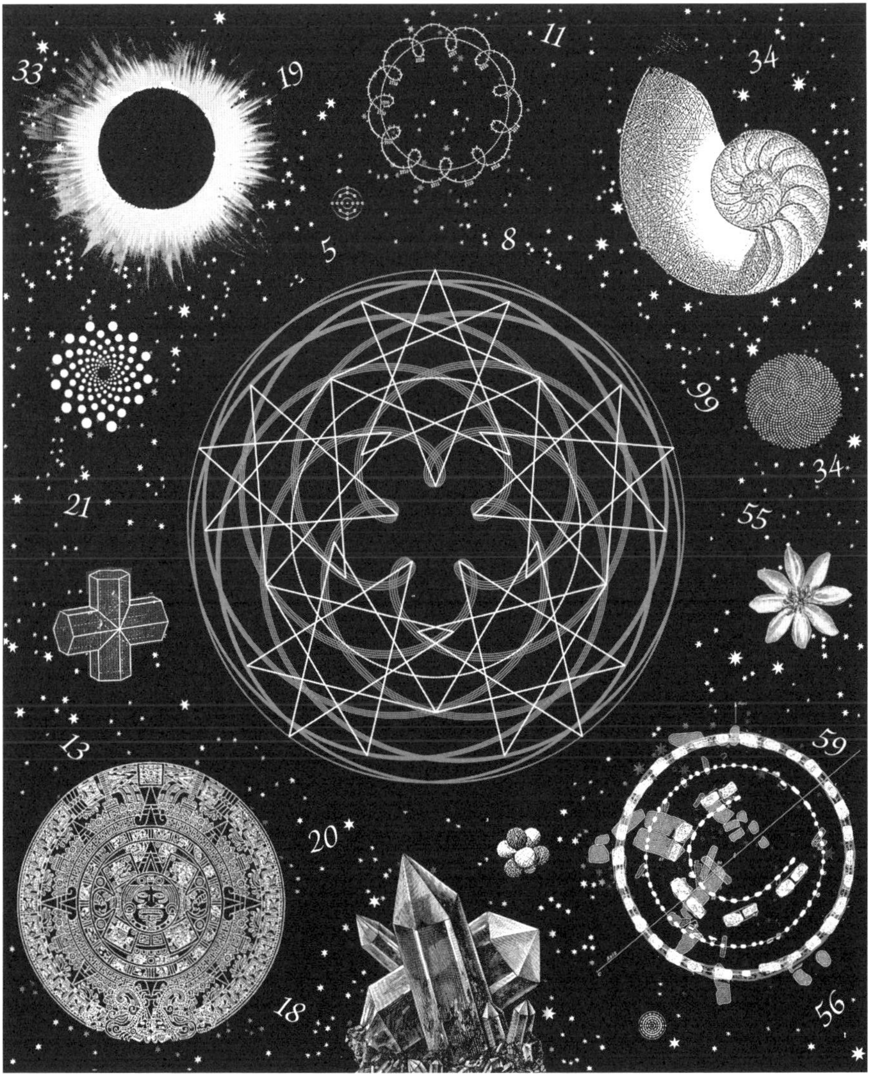
33
19
11
34
5
8
99
21
34
55
13
59
20
18
56

バビロニア、シュメール、エジプト
初期の記数法

紀元前3000年頃に、シュメール人はわれわれが知るもっとも古い文字と、その文字を使った60進法を発展させていった。60という数は、1、2、3、4、5、6のどの数でも割り切れるというきわめてあつかいやすい数である。

60進法による記数法は、わたしたちがふだん使っている10進法の記数法とはかなりちがっている。右頁に、楔形文字で36の倍数表を刻みこんだシュメールの粘土板を示した。シュメール人が発明した60進法は、1分は60秒、1時間は60分、あるいは円は$6 \times 60 = 360$度と表すように、周期を測る方法として現在でも用いられている。

古代エジプトでは1, 10, 100…をヒエログリフで表していた。古代エジプトの算数は掛け算の方法を見るとよくわかる。たとえば21×13を例にとると、21×1、21×2、21×4、21×8…と掛ける数を繰り返し2倍し、掛ける数の和が13になるように、21×1と21×4と21×8を選んでその積を足すという方法をとっていた。

古代の人々は、数を音楽的なものとしてとらえ、2は1/2、3は1/3というように、あらゆる数が鏡の中で転回するものだと考えていた。これを60進法にあてはめると、2、3、4、5、6の倍数はすべて単純な分数になるので、この相互転換がきわめてスムースにできる。

たとえば、2なら1/30、3なら1/20、そして15なら1/4となるように。そして、バビロニア人たちは、自分たちの神々を表すためにこの60進法を受け継いだ(右頁中)。

エジプトでは、ヒエログリフで口を表わす記号を使って分数を表した(下図)。容積や体積を分数で表す場合は、ホルスの目を用いていた。

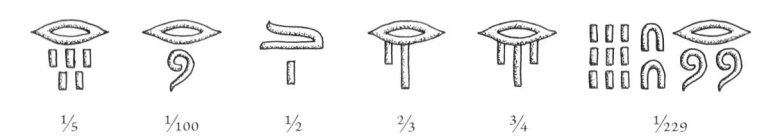

| 1/5 | 1/100 | 1/2 | 2/3 | 3/4 | 1/229 |

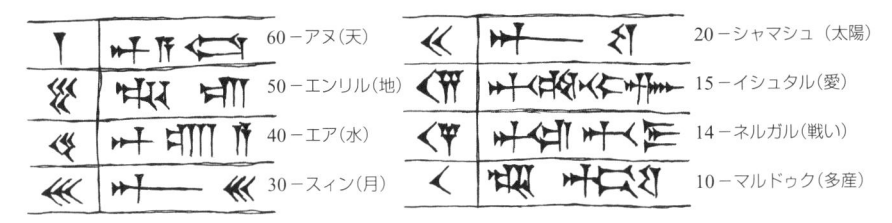

バビロニアの神々を表す数

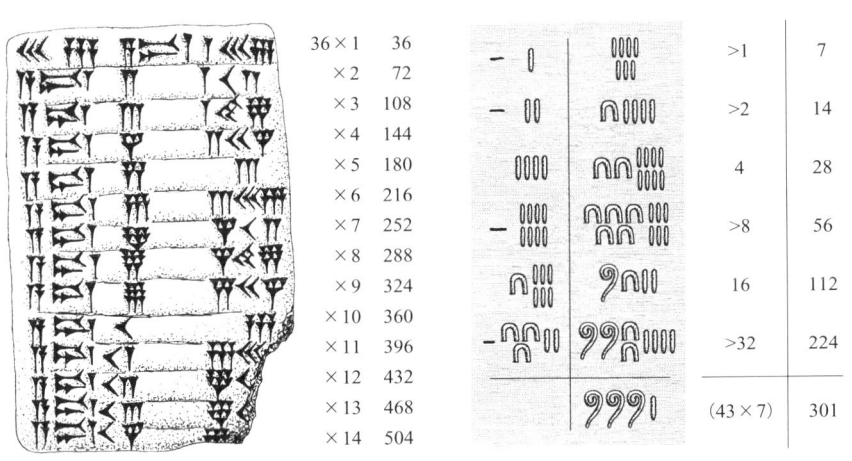

		60 – アヌ(天)			20 – シャマシュ(太陽)
		50 – エンリル(地)			15 – イシュタル(愛)
		40 – エア(水)			14 – ネルガル(戦い)
		30 – スィン(月)			10 – マルドゥク(多産)

36の倍数表

36 × 1	36
× 2	72
× 3	108
× 4	144
× 5	180
× 6	216
× 7	252
× 8	288
× 9	324
× 10	360
× 11	396
× 12	432
× 13	468
× 14	504

エジプトの掛け算

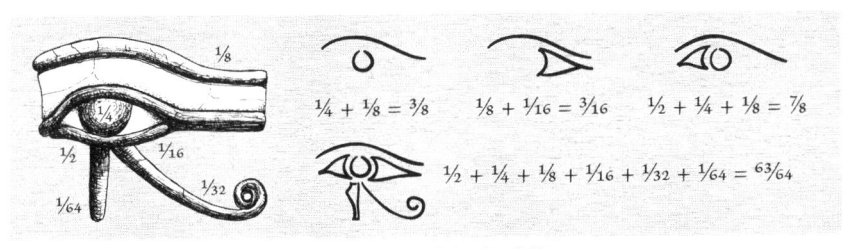

		>1	7
		>2	14
		4	28
		>8	56
		16	112
		>32	224
		(43 × 7)	301

ホルスの目 – 体積や容積を表す分数

$1/4 + 1/8 = 3/8$

$1/8 + 1/16 = 3/16$

$1/2 + 1/4 + 1/8 = 7/8$

$1/2 + 1/4 + 1/8 + 1/16 + 1/32 + 1/64 = 63/64$

古代のアジア
10を操る

中国では、10進法が3000年以上も使われてきた（48頁参照）。そしてもう一つ、棒で数を表す算木と呼ばれる美しい表記法があった。算木では0を小さな〇で表している（下図）。中国、日本、そして韓国などで、紀元前200年頃から様々な形で用いられている。その後、算木に代わって中国生まれのそろばんが使われるようになった。日本や中国では今でもそろばんが広く使われており、そろばんを操るすさまじい速さはよく知られている。

インドも数字では古い伝統をもつ国である。数は多くの経典のなかで重要な役割を果たし、インドの宇宙論では現代物理学でしかあつかわないような巨大な数が使われている。インドの数字は、45文字で1から90,000までを表記するブラーフミー記数法（49頁参照）に由来している。やがて、インドの数学者たちは、1から9までの数字に10の累乗（るいじょう）を結びつけるという新しい方式を編み出した。その結果、迅速かつ優美な計算技術を手に入れ、どんな大きな数でも表すことができるようになった。これもゼロが誕生したことによって可能になったのである。

現在わたしたちが使っている10進法は、アラビア経由で、インドから伝わったものである。

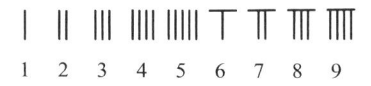

| 1 | 2 | 3 | 4 | 5 | 6 | 7 | 8 | 9 |

| 10 | 20 | 30 | 40 | 50 | 60 | 70 | 80 | 90 |

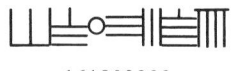

161803399

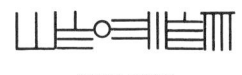

39916800

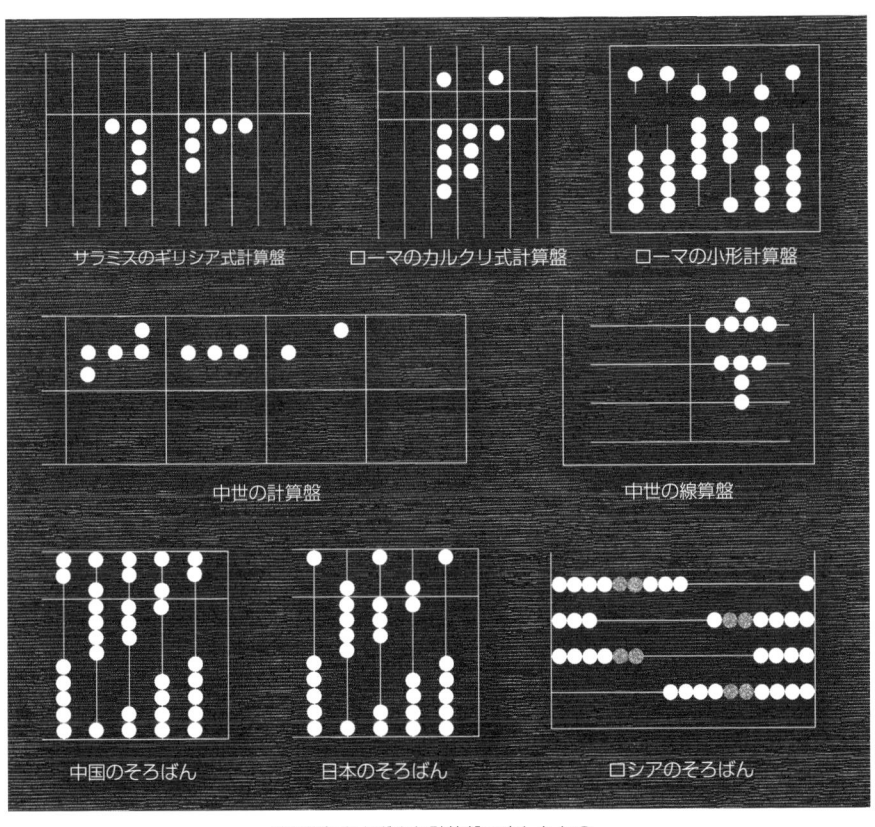

9360をさまざまな計算盤で表したもの

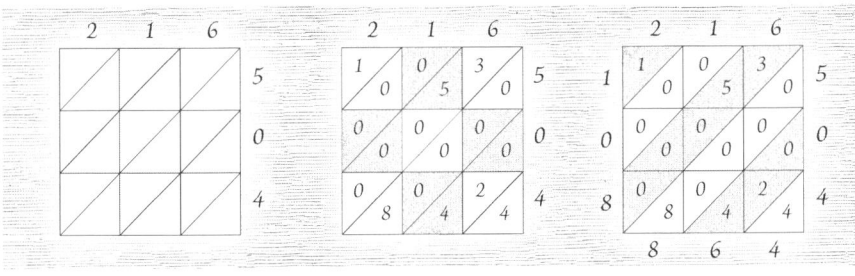

アラビア数字を使ったインド式の掛け算 —— 216 × 504 = 108864

ゲマトリア
言葉になった文字と暗号

　フェニキア人は、自分たちの言語の音声を表記するために、簡潔な22個の子音からなるアルファベットを使っていた。やがて、フェニキア文字は地中海沿岸地域に伝播し、ラテン語にかたちをかえ、さらに英語のアルファベットになってゆく。

　ゲマトリアは、数を文字としてあつかい、言葉を数に換算する。重要な意味をもった数、あるいは幾何学、音楽、測量学、宇宙論などに登場する数は、古代の書物のなかで、鍵となる言葉に置き換えられている。古代ギリシアに始まったゲマトリアは、その後しだいにヘブライ語やアラブ語のなかに溶け込んでいった。アラビアではアブジャドとして知られている。ギリシア語、ヘブライ語、アラビア語には、三つの言語共通の、ゼロを持たない同じ数価のシンプルなシステムがある。

　下の例をみると、似通った意味をもつ二つの文章の合計数が同じであることがわかる。これを見るとなんだか魔法のような気もする。しかし、1000年以上もの間、ゲマトリアは秘術としてあつかわれていただけではなく、数を表す一般的な方法でもあった。当時、読み書きと計算ができる人であれば、言葉と数が互いに共鳴しあっていると考えていたのである。

　神秘主義者や魔術師などは、今でもこの秘術を使い、神秘的な意味や霊力を語句と数の関係のなかに見出している。

	聖霊				知恵の泉	
ΤΟ	ΑΓΙΟΝ	ΠΝΕΥΜΑ			ΠΗΓΗ	ΣΟΦΙΑΣ
300.70	1.3.10.70.50	80.50.5.400.40.1	= 1080 =		80.8.3.8	200.70.500.10.1.200
370	134	576			99	981

古代フェニキア語		ギリシア語			ヘブライ語		アラビア語 東|西		音価
アレフ	𐤀	アルファ	A	α	アレフ	א	アリフ	ا	1
ベト	𐤁	ベータ	B	β	ベト	ב	バー	ب	2
ギーメル	𐤂	ガンマ	Γ	γ	ギーメル	ג	ジーム	ج	3
ダーレト	𐤃	デルタ	Δ	δ	ダーレト	ד	ダール	د	4
ヘー	𐤄	エプシロン	E	ε	ヘー	ה	ハー	ه	5
ヴァヴ	𐤅	ディガンマ	F	ϛ	ヴァヴ	ו	ワーウ	و	6
ザイン	𐤆	ゼータ	Z	ζ	ザイン	ז	ザール	ز	7
ヘト	𐤇	エータ	H	η	ヘト	ח	ハー	ح	8
テト	𐤈	シータ	Θ	θ	テト	ט	ター	ط	9
ヨッド	𐤉	イオタ	I	ι	ヨッド	י	ヤー	ي	10
カフ	𐤊	カッパ	K	κ	カフ	כ	カーフ	ك	20
ラーメド	𐤋	ラムダ	Λ	λ	ラーメド	ל	ラーム	ل	30
メム	𐤌	ミュー	M	μ	メム	מ	ミーム	م	40
ヌーン	𐤍	ニュー	N	ν	ヌーン	נ	ヌーン	ن	50
サーメク	𐤎	クシー	Ξ	ξ	サーメク	ס	スィーン	ص س	60
アイン	𐤏	オミクロン	O	o	アイン	ע	アイン	ع	70
ペー	𐤐	パイ	Π	π	ペー	פ	ファー	ف	80
ツァディ	𐤑	コッパ	Ϙ	ϙ	ツァディ	צ	サード	ض ص	90
クォフ	𐤒	ロー	P	ρ	クォフ	ק	カーフ	ق	100
レーシュ	𐤓	シグマ	Σ	σ	レーシュ	ר	ラー	ر	200
シン	𐤔	タウ	T	τ	シン	ש	シン	س ش	300
タヴ	𐤕	ウプシロン	Υ	υ	タヴ	ת	ター	ت	400
		ファイ	Φ	φ	カフ	ך	サー	ث	500
		カイ	X	χ	メム	ם	ハー	خ	600
		プシー	Ψ	ψ	ヌーン	ן	ザール	ذ	700
		オメガ	Ω	ω	ペー	ף	ダード	ظ ض	800
		サン	ϡ	ϡ	ツァディ	ץ	ザー	غ ظ	900
							ガイン	ش غ	1000

ギリシア文字には、ごく初期に使われなくなった F (ディガンマ) と Ϙ (コッパ)、そして ϡ (サン) も含まれている。ヘブライ文字には、単語の末尾に来た時に形や数価がかわる五つの「末尾形の文字」が含まれている。アラビア文字では、60、90、300、800、900、1000 に対応する文字がイスラム世界の西と東では異なっている。

魔方陣
全部足すと…

　魔方陣には驚くほど巧みに数が配置されている。初めから終わりまで魔方陣とその隠された用途についてのみ論じた書物もある。魔方陣では縦、横、斜めのどの列をとっても、その数の和（magic sum、定和）は等しくなる。

　昔から、七つの魔方陣が惑星と結びつけられてきた（右頁）。3×3の魔方陣を土星とし、方陣の列を一つ増やすごとに、天球上を移動しながら9×9が表す月の魔方陣にいたるようになっている。魔方陣では奇数と偶数が美しい模様をおりなしている（暗いマスが偶数）。各惑星には、それぞれの構造に基づいたミステリアスな印が付いており、魔法使いたちから暗号として重宝されている。

　魔方陣とは、ある特別な方法で、一組のものを並べていく順列の一つである。合計が15になるように、1から9までのなかから三つの数を取り出すと8通りの組み合わせができる。その8通りの組み合わせすべてが、3×3の魔方陣のなかにある。

　一見の価値のある魔方陣はほかにもある。古代のマヤ人たちが8×8の魔方陣を見たら、その定和がツォルキン（260日暦）と同じ13×20になることから、さぞかし喜んだことだろう。しかし、太陽の魔方陣（定和が111）は、すべての数の和（square sum）が666になるので、マヤ人にとっては不吉なものになったはずだ。

　言葉と魔方陣は、秘密を解くもう一つの鍵であるゲマトリアとともに、呪いや魔法を使う謎めいた世界とも結びついている。

数の和 = １+ب+ج+د+ه+و+ز+ح+ط = 45

ادم *Adam*（アダム）= 1+4+40 = 45 = 7+8+30 = زحل *zuhal*（土星）

حواء *Hawwa*（イブ）= 8+6+1 = 15 = 定和

土星 ♄

4	9	2
3	5	7
8	1	6

定和 15
数の和 45

木星 ♃

4	14	15	1
9	7	6	12
5	11	10	8
16	2	3	13

定和 34
数の和 136

火星 ♂

11	24	7	20	3
4	12	25	8	16
17	5	13	21	9
10	18	1	14	22
23	6	19	2	15

定和 65
数の和 325

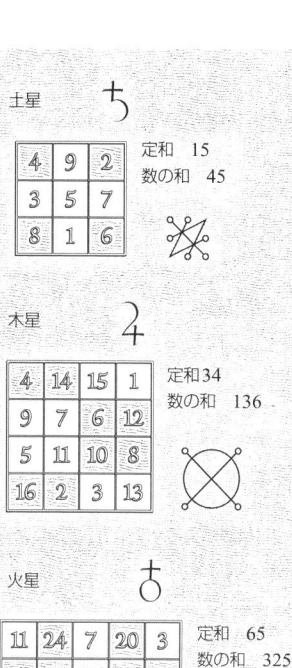

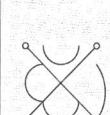

太陽 ☉

6	32	3	34	35	1
7	11	27	28	8	30
19	14	16	15	23	24
18	20	22	21	17	13
25	29	10	9	26	12
36	5	33	4	2	31

定和 111
数の和 666

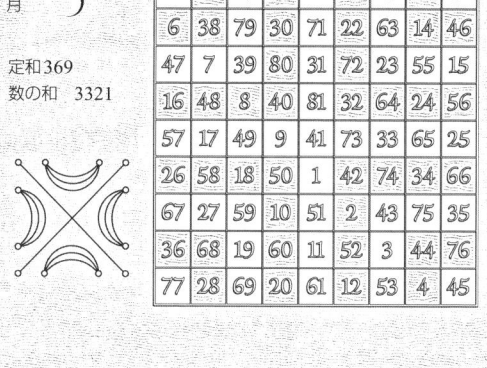

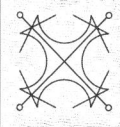

月 ☽

37	78	29	70	21	62	13	54	5
6	38	79	30	71	22	63	14	46
47	7	39	80	31	72	23	55	15
16	48	8	40	81	32	64	24	56
57	17	49	9	41	73	33	65	25
26	58	18	50	1	42	74	34	66
67	27	59	10	51	2	43	75	35
36	68	19	60	11	52	3	44	76
77	28	69	20	61	12	53	4	45

定和369
数の和 3321

水星 ☿

8	58	59	5	4	62	63	1
49	15	14	52	53	11	10	56
41	23	22	44	45	19	18	48
32	34	35	29	28	38	39	25
40	26	27	37	36	30	31	33
17	47	46	20	21	43	42	24
9	55	54	12	13	51	50	16
64	2	3	61	60	6	7	57

定和 260
数の和 2080

金星 ♀

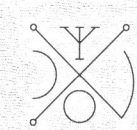

22	47	16	41	10	35	4
5	23	48	17	42	11	29
30	6	24	49	18	36	12
13	31	7	25	43	19	37
38	14	32	1	26	44	20
21	39	8	33	2	27	45
46	15	40	9	34	3	28

定和 175
数の和 1225

神話、ゲーム、詩
なじみのある数

　人は子どもの頃、ゲームや数え唄などの詩歌、あるいは物語や神話などを通して数に慣れ親しむものだが、これらのなかには、数と数との隠された関係が豊富にちりばめられている。

　古代の言葉の形態のなかには、数を基礎としたものがいくつも見受けられる。数を基礎にした詩歌には、三行連句（一連が三行の詩）、四行連句（一連が四行）、五歩格（一行が五つの詩脚からなる詩）、六歩格（一行が六つの詩脚からなるもの）、あるいは俳句などがある。

　神話や物語もそうだが、ゲームのなかにも数の情報を織り込むことはできる。ジャック、クイーン、キングをそれぞれ11、12、13と数え、一組のトランプ・カードの数をすべてたすと364になり、ジョーカーまで入れると365、すなわち1年の日数になっている。また、囲碁に見られる18（縦横のマスの数）と19（縦横の線の数）は月と太陽の周期に呼応している（32頁参照）。こういった古代のゲームの中には、壮大な宇宙の活動を暗示するかのように、数をも含めた永久不変の原理が反映されているのだ。

　ほとんどのゲームのルールや構造は数をもとにして構成されている。たとえばテニスだが、このゲームは、3以上は数えられない人たちが作り出したにちがいない！　下に示した二つの例は、チェスで見られるナイトの動きである。順に番号を付けていくと、どちらも水星の魔方陣になっている（41頁参照）。

囲碁

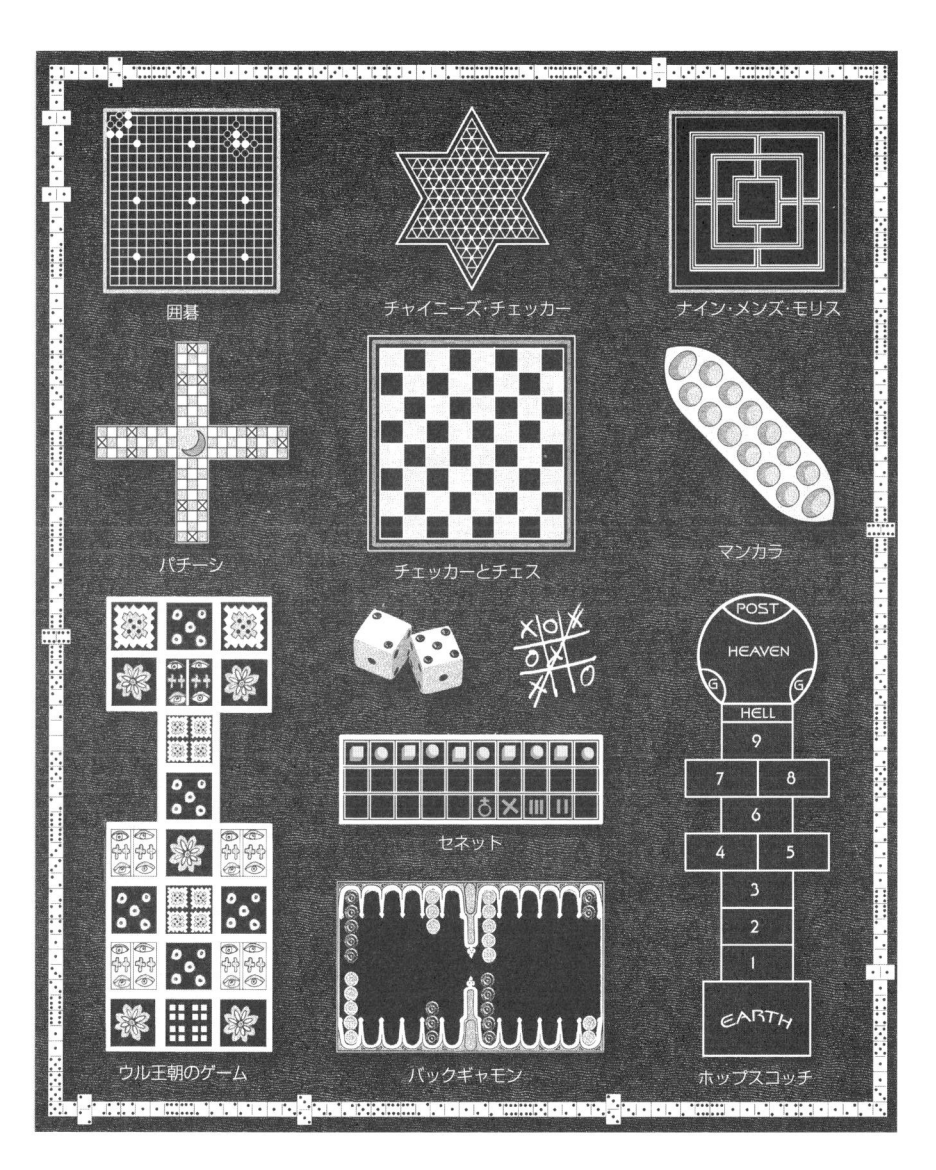

チャイニーズ・チェッカー

ナイン・メンズ・モリス

パチーシ

チェッカーとチェス

マンカラ

ウル王朝のゲーム

セネット

バックギャモン

ホップスコッチ

現代の数字
数の広がり

　世界は整数の比によって表わすことができるとしたピタゴラス学派は、正方形の対角線の長さが分数では表せない(平方根でしか表せない)、という事実を発見したことによって、その地位を危うくしたといわれる。それは、いまだにわれわれがルート記号を目にしたときに感じる恐怖を思わせる。

　ヨーロッパにおける今日の数に対する概念は、過去400年にわたる先人たちの思索のたまものだといえよう。革命的ともいえるインド数字とゼロが採用されると、次なる魔術は負の数の導入であった。こうして、数は二つの方向に伸びていったのである。

　ところが、現代人には簡単そうに見えても、負の数には厄介な問題があった。負の数を二乗すると正の数になる。では負の数の平方根はいったい何になるのだろう？　数学者たちはその答えを導き出さなければならなかった。そして彼らは、数には負の数の平方根というもう一つ別の並びがあることに気がついた。数学者たちはその数を虚数と名付けた。今ではiという記号があてられている($i=\sqrt{-1}$)。虚数と実数の相互作用によって、フラクタルといわれる、自然界に存在する反復的な形が生み出されているのである。

　わたしたちが採用している10進法を使えば、π(パイ)、すなわち円の周囲と直径の比率をきわめて正確に記述することができる。しかし、現代数学のなかで最も美しいとされているものには、古代の人々にも馴染み深い分数だけを繰り返し使って、平方根、黄金比(Φ)、π、そして指数関数などの本質をとらえているものもある。

$$\phi = \frac{\sqrt{5}+1}{2}$$

$\sqrt{2} + \sqrt{3} + \sqrt{5} + \phi \approx 7$

$\sqrt{2} = 1.41421356237....$

$\pi \approx 6/5 \, \phi^2$

$\sqrt{3} = 1.732050807569....$

$\sqrt{2} = 1 + \cfrac{1}{2 + \cfrac{1}{2 + \cfrac{1}{2 + \cfrac{1}{2 + \cfrac{1}{2 + \cdots}}}}}$

$\phi = 1.61803398875....$

$\sqrt{3} = 1 + \cfrac{1}{1 + \cfrac{1}{2 + \cfrac{1}{1 + \cfrac{1}{2 + \cfrac{1}{2 + \cdots}}}}}$

$\sqrt{5} = 2.2360679775....$

$e = 2.71828182846....$

$\sqrt{5} = 2 + \cfrac{1}{4 + \cfrac{1}{4 + \cfrac{1}{4 + \cfrac{1}{4 + \cdots}}}}$

$\pi = 3.14159265359....$

$\phi = 1 + \cfrac{1}{1 + \cfrac{1}{1 + \cfrac{1}{1 + \cfrac{1}{1 + \cdots}}}}$

$\sqrt{-1} = i$

$V - E + F = 2$

$e^{i\pi} + 1 = 0$

$$\frac{\pi}{4} = \frac{1}{1} - \frac{1}{3} + \frac{1}{5} - \frac{1}{7} + \frac{1}{9} - \frac{1}{11} + \frac{1}{13}$$

$$e^x = 1 + x + \frac{x^2}{2!} + \frac{x^3}{3!} + \frac{x^4}{4!} + \frac{x^5}{5!} + \cdots$$

$$e = 1 + 1 + \frac{1}{2!} + \frac{1}{3!} + \frac{1}{4!} + \frac{1}{5!} + \cdots$$

$r = \sqrt{x^2 + y^2}$

$$\sin x = x - \frac{x^3}{3!} + \frac{x^5}{5!} - \frac{x^7}{7!} + \cdots$$

$y = r\sin\theta$
$x = r\cos\theta$
$y = x\tan\theta$

$$\cos x = 1 - \frac{x^2}{2!} + \frac{x^4}{4!} - \frac{x^6}{6!} + \cdots$$

ゼロ
これでおしまい

とうとうゼロが最後まで残ってしまった。なぜなら、ゼロは数がないことを表す記号であって、それ自体は数ではないと考えることもできるからだ。おそらくこの理由と、多くの聖職者たちが抱いていた恐怖のおかげで、ゼロが正体を現すまでにこれほどの時間がかかったのだろう。たとえ文明が高度に発達していても、ゼロという概念をもたなかった人々もいる。

ゼロを表す記号は、少なくても三つの場所で別々に生みだされた。バビロニア人は、紀元前400年に、「空位」をあらわす記号として、二つの楔形を粘土に押すようになった。この記号は60進法において、「この場所には何もない」ことを意味するものである。それからおよそ1000年後に、地球の反対側に住んでいたマヤ人たちもまた、「空位」をあらわすために貝殻の形を用いるようになった。

最後は5世紀頃のインドだった。「何もない」ことを意味する丸は、インド人たちが数を数えるために使っていた小石を、砂の上から取り除いたあとに残された丸いへこみに由来している。現在わたしたちが使っているゼロは、インドから伝わったものであり、なにかが取り除かれた痕跡として生まれたものであった。

1とゼロは、無と有の境界を探っている。インドの古い数学書では、「空」をスンヤ(Sunya)という言葉であらわしていた。この言葉は、深淵、人知を超えた物、万物をはらんだ土壌などを連想させるものである。

ゲマトリアの考えによれば、どの数もみな次にやってくる数の種をやどしている。そう考えれば、ゼロを1のシンボルである丸であらわし、1を二つの点をつないだ短い線であらわすというのは理にかなったことなのだろう。そして、黄金比Φという記号が、1とゼロを合わせたものであることに驚きを覚えつつ、この稿を締めくくることにする。

記数法　数の表記体系

下に示した古代の記数法では、いくつかの記号を組み合わせることによって1から10000までの数を表している。古代地中海沿岸地域では短い棒のようなものを繰り返し使っていた。また、古代の中国では、1から9までの記号と、10、100、1000、10000を表す記号を組み合わせて数を表している。ここに示した各記数法で57をあらわすとしたら、位取り記数法がまだ使われていなかったために、文字で表すか、あるいは、50を表す記号の後に7を表す記号を付け足すことになる。

	エジプトのヒエログリフ	エジプトの筆記体	クレタの線文字B	ギリシャのアッティカ方言	シバ王国	古代ローマ	中世ローマ	古代中国	中国尚方大篆体	漢字
1	｜	｜	｜	I	I	I	I	一	👁	一
2	‖	‖	‖	II	II	II	II	二	👁	二
3	‖｜	‖｜	‖｜	III	III	III	III	三	👁	三
4	‖‖	‖‖	‖‖	IIII	IIII	IIII	IV	亖	👁	四
5	‖‖｜	７	‖‖｜	Γ	Ц	V	V	ㄨ	👁	五
6	‖‖‖	⌐	‖‖‖	ΓI	ЦI	VI	VI	∧	👁	六
7	‖‖‖｜	⌐⌐	‖‖‖｜	ΓII	ЦII	VII	VII	+	👁	七
8	‖‖‖‖	⩵	‖‖‖‖	ΓIII	ЦIII	VIII	VIII	) (	👁	八
9	‖‖‖‖｜	⌐	‖‖‖‖｜	ΓIIII	ЦIIII	VIIII	IX	𠃌	👁	九
10	∩	∧	—	Δ	○	X	X	—｜	👁👁	十
20	∩∩	∧	═	ΔΔ	○○	XX	XX	＝｜	👁👁	二十
30	∩∩∩	⋌	═	ΔΔΔ	○○○	XXX	XXX	≡｜	👁👁	三十
40	∩∩∩∩	—	═	ΔΔΔΔ	○○○○	XXXX	XL	≣｜	👁👁	四十
50	∩∩∩∩∩	ʓ	═	Γ	Ψ	Ψ	L	ㄨ｜	👁👁	五十
60	∩∩∩∩∩∩	ʓ	═	ΓΔ	ΨO	ΨO	LX	∧｜	👁👁	六十
70	∩∩∩∩∩∩∩	ʓ	═	ΓΔΔ	ΨOO	ΨXX	LXX	+｜	👁👁	七十
80	∩∩∩∩∩∩∩∩	ʓ	═	ΓΔΔΔ	ΨOOO	ΨXXX	LXXX	)(｜	👁👁	八十
90	∩∩∩∩∩∩∩∩∩	ʓ	═	ΓΔΔΔΔ	ΨOOOO	ΨXXXX	XC	𠃌｜	👁👁	九十
100	𓏺	⌐	○	H	B	⋇	C	—◊	👁	百
500	𓏺𓏺	⌐⌐	○○○	Γ	BBBB	⋏	D	ㄨ◊	👁👁	五百
1,000	𓆼	⌐	◇	X	⌃	⊠	M	—⋏	👁	千
5,000	𓆼𓆼	⌐⌐	◇◇◇	Γ	ń ń ń ń ń			ㄨ⋏	👁👁	五千
10,000	𓁨	⌐	◇	M				👁	👁	萬

48

位取り記数法

数の大きさを表すために、位取り記数法を用いる表記体系はきわめて少ない。位取り記数法を用いたもっとも古いものは、楔形文字を用いたシュメールの表記法である。粘土板に繰り返し刻みつけられた尖筆の跡は、1から59までの数を、位取り法を用いて表している。やがて、バビロニア人は「空位」を表す記号を生み出した。これがゼロを表す最初の数字である。

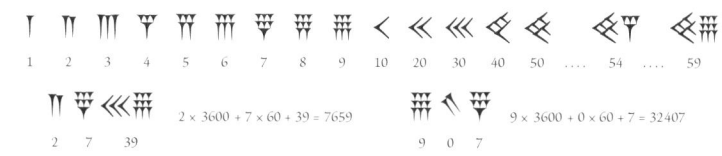

マヤ人は、位取り法とゼロを独自に発見した。マヤ人が用いた20進法では、数字を縦に並べて表している。二桁目の数には20、三桁目の数には360(18×20)を掛けている。これはたぶん、マヤ暦の360から来たものであろう。

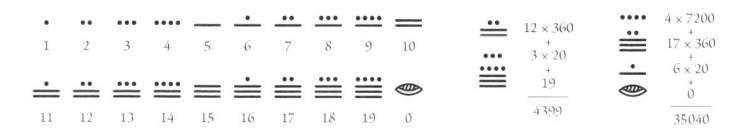

古代中国や日本で用いられた算木には、1から9までの数に対して、横式と縦式の二つの表記法がある。ゼロを表す小さな丸は8世紀にインドから伝えられた。

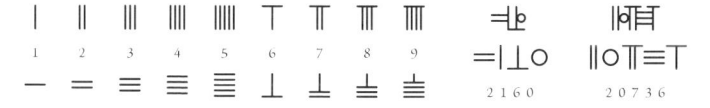

わたしたちが現在使っている数の表記法の基になっているのは、インドのブラーフミー数字である。6世紀以降、ゼロと1から9までを表す九つの記号がさまざまに形をかえ、位取り記数法で使われるようになった。この記数法はアラビアを経てヨーロッパへもたらされた。

1世紀　ブラーフミー数字
8世紀　ナーガリー数字
10世紀　インド・アラビア数字
11世紀　ヨーロッパで使われていた数字
現在のナーガリー数字
現在のインド・アラビア数字
現在世界中で使われている数字

ピタゴラス数

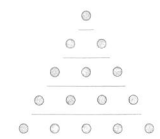

三角数　自然数の和
$1+2+3+4\cdots$　　$1、3、6、10、15\cdots$

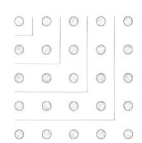

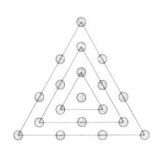

中心つき三角数　3ずつ増える
$1+3+6+9\cdots$　　$1、4、10、19\cdots$

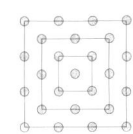

四角数　奇数の和
$1+3+5+7+9\cdots$　　$1、4、9、16、25\cdots$

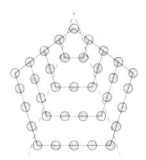

中心つき四角数　4つずつ増える
$1+4+8+12\cdots$　　$1、5、13、25\cdots$

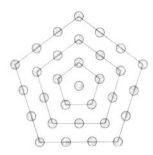

五角数　3つに分けることができる
$1+4+7+10+13\cdots$　　$1、5、12、22、35\cdots$

中心つき五角数　5の倍数ずつ増えていく
$1+5+10+15\cdots$　　$1、6、16、31、61\cdots$

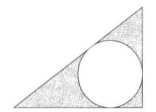

$3\times4\times5$の直角三角形
面積$=6$　周$=12$　内接する円の直径$=2$

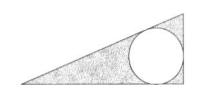

$5\times12\times13$の直角三角形
面積$=30$　周$=30$　内接する円の直径$=4$

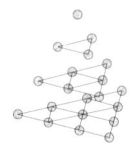

四面体数　三角数の和
$1+3+6+10\cdots$　　$1, 4, 10, 20\cdots$

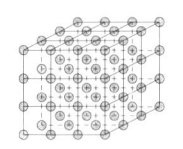

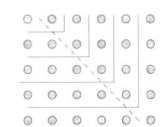

長方形数　三角形数の2倍
$2+4+6+8\cdots$　　$2、4、12、20\cdots$

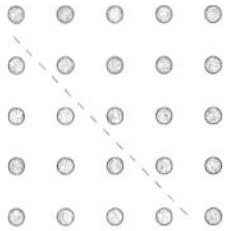

立方数　$1×1×1、2×2×2、$
$3×3×3、4×4×4\cdots$　　$1、8、27、64\cdots$

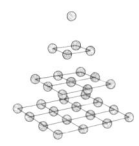

四角数　隣接する2つの三角数の和
この場合は $10+15=25$

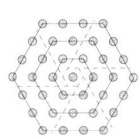

四角錐数　平方数ずつ増えていく
$1+4+9+16\cdots$　　$1, 5, 14, 30, 55\cdots$

中心つき六角形数　中心と6つの三角形
$1+6+12+18\cdots$　　$1,7,19,37,61\cdots$

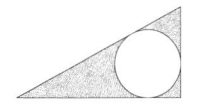

$8×15×17$ の 直角三角形
面積＝60　周＝40　内接する円の直径＝6

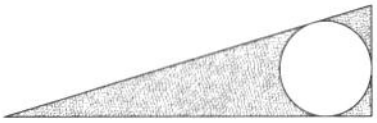

$7×24×25$ の 直角三角形
面積＝84　周＝56　内接する円の直径＝6

ゲマトリアの例

古代ギリシアとキリスト教におけるゲマトリア

ΙΗΣΟΥΣ + ΧΡΙΣΤΟΣ = 2368
(イエス)888 (キリスト)1480
888 : 1480 : 2368 = 3 : 5 : 8

ΚΑΙ Ο ΑΡΙΘΜΟΣ ΑΥΤΟΥ ΧΞΣ = 2368
(そして、彼の名は666である)

ΤΟ ΑΓΙΟΝ ΠΝΕΥΜΑ + ΠΑΡΑ ΘΕΟΥ = 1746
(聖霊)1080 (神からの)666

ΗΔΟΞΑ ΤΟΥ ΘΕΟΥ ΙΣΡΑΗΛ = 1746
(イスラエルの神に栄光あれ)

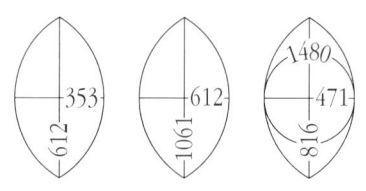

353 / 612 / 1480
612 / 1061 / 471
      /   / 816

ΕΡΜΗΣ : ΖΕΥΣ
(ヘルメス)353 (ゼウス)612

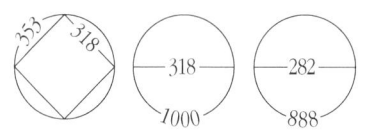

= ΖΕΥΣ : ΑΠΟΛΛΩΝ
(ゼウス)612 (アポロ)1061

= ΚΑΡΠΟΣ : ΖΩΗ
(果実)471 (命)815

353 / 318
318 / 282
1000 / 888

ΗΛΙΟΣ(太陽) 318 ΒΙΟΖ(命) 282
偉大なる「一なるもの」としての1000

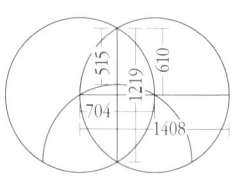

ΠΑΡΘΕΝΟΣ(金星) = 515
ΞΥΛΟΝ(十字架) = 610
Ο ΘΕΟΣ ΙΣΡΑΗΛ(イスラエルの神) = 703
ΙΧΘΟΣ(魚) = 1219
ΣΩΤΗΡ(救済者) = 1408

神聖四文字YHWH(ヤハウェ)をあらわすテトラティクス

י   = 10
י ה   = 10 + 5 = 15
י ה ו   = 10 + 5 + 6 = 21
י ה ו ה   = 10 + 5 + 6 + 5 = 26

היה   HaYaH (彼は〜であった) = 25
הוה   HoWeH (彼は〜である) = 16
יהיה YiHYeH (彼は〜であろう) = 30

同じ数価になるヘブライ語

אחד   אהבה
EKHAD = 13 = AHAVAH
(神、一なるもの)   (愛)

神(一なるもの)と愛の合計 = 26 = YHWH (ヤハウェ)

אדם   חוה   יהוה
ADAM(アダム) − KHAWAH(イブ) = 26 = YHWH
                                  (ヤハウェ)

יין   סוד
YAYIN (ワイン) = 70 = SOD (秘密)
or in vino veritas! (真実は葡萄酒の中に)

ヘブライ語文字の名前とその数価

אלף	111 ALEF	למד	74	LAMED
בית	412 BET	מים	90	MEM
גמל	73 GIMMEL	נון	110	NUN
דלת	434 DALET	סמך	120	SAMEKH
הא	6 HE	עין	130	AYIN
וו	12 VOV	פה	85	PE
זין	67 ZAYIN	צדי	104	TSADE
חית	418 HET	קוף	104	QUF
טית	419 TET	ריש	510	RESH
יוד	20 YOD	שין	360	SHIN
כף	100 KOF	תו	406	TAV

　すべての数が次にくる数の種子を宿しているという考えから、ゲマトリアでは、1程度の数の違いには目をつぶってもよいとされている。また、幾何学上の測量値や比率に現れた端数などについてもそれほど厳密にならなくてよい。

　列の和が66になる魔除けの魔方陣。アッラーの神の数は各列の合計で66になる。

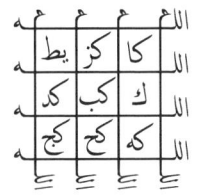

21	26	19
20	22	24
25	18	23

アブジャド(アラビア語のゲマトリア)で神の名を表す

الله	66	アルファ
باقي	113	永遠
جامع	114	集める人
ديان	65	裁く人
هادي	20	案内人
ولي	46	友
زكي	57	清める人
حق	108	真実
طاهر	215	汚れのない
يسين	130	支配者
كافي	111	十分な
لطيف	129	賢人
ملك	90	王
نور	256	光
سميع	180	すべてを聞く
علي	110	最も高い
فتاح	489	示す人
صمد	134	永久
قادر	305	強靭
رب	202	主
شفيع	460	癒す人
توب	408	許し
ثابت	903	安定
خالق	731	創造主
ذاكر	921	記憶する人
ضار	1001	罰する人
ظاهر	1106	明らかな
غفور	1285	許し

さまざまな魔方陣

正規魔方陣とは、魔方陣のマス目の数をすべて合わせた数、たとえば3次魔方陣(枡目が3×3になっている魔方陣)なら1から9までの数、4次のものなら1から16までの数をすべて使っている魔方陣のことである。また列(縦)、行(横)、対角線だけが定和(和の値)になっているものを単純魔方陣という。3次の正規魔方陣の場合は、回転、あるいは裏返すことによって並び方が8通りあるように見えるが、本質的には一つのものでしかない(そのうちの四つを下図で示す)。

2	7	6
9	5	1
4	3	8

6	7	2
1	5	9
8	3	4

2	9	4
7	5	3
6	1	8

4	9	2
3	5	7
8	1	6

上の図で2+8、7+3とあるように、中心をはさんで対称になっている数の和が同じ値になる場合を、補数対称方陣、あるいは連結型という。

4次の魔方陣には880通りの並び方がある。すべての並び方を見つけ出すために、数学者たちは方陣を回転させたり裏返したりして、左上端のマスにはできるだけ小さな数を、そしてその右のマスにはそのマスの下に来る数よりも小さな数をいれていく。

また4次の正規魔方陣には、2数の和が17になる連結パターンが12通りあり、12のデュードニー型と呼ばれている(そのうちの四つを下図に示した)。

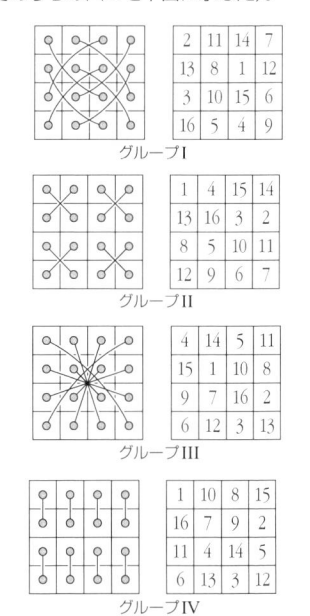

2	11	14	7
13	8	1	12
3	10	15	6
16	5	4	9

グループI

1	4	15	14
13	16	3	2
8	5	10	11
12	9	6	7

グループII

4	14	5	11
15	1	10	8
9	7	16	2
6	12	3	13

グループIII

1	10	8	15
16	7	9	2
11	4	14	5
6	13	3	12

グループIV

グループIには48通りの並び方があり、汎魔方陣と呼ばれている。汎魔方陣の両端を張り合わせて円筒形を作ると、元の対角線に平行な線ができる。これらは汎対角線といい、どの汎対角線もその和はすべて同じになる。（下図aとb）。

a

1	8	10	15
12	13	3	6
7	2	16	9
14	11	5	4

b

1	8	10	15
12	13	3	6
7	2	16	9
14	11	5	4

c

1	8	10	15
12	13	3	6
7	2	16	9
14	11	5	4

4次の正規汎魔方陣は、最も完全な魔方陣の一つでもある。行、列、対角線だけでなく、前述のような円筒形を作った際に隣り合う四つの数の和も等しくなっている（左図c）。行と列が4の倍数（4, 8, 12…）になる正規汎魔方陣だけが最も完全な魔方陣だといえる。

1	15	24	8	17
23	7	16	5	14
20	4	13	22	6
12	21	10	19	3
9	18	2	11	25

5次の正規魔方陣には275, 305, 224通りの並び方がある。また5次は、汎魔方陣と対称魔方陣（中心点の対称の位置にある数の和が同じになる魔方陣、上図では、1+25=15＋11=24+2、前頁ではグループIIIのタイプ）の両方を満たすことができる最も小さい行列数の魔方陣である。5次の魔方陣には本質的に異なった36の汎魔方陣があり、行、列、対角線を入れ替えることによって、それぞれが99のバリエイションを持っている。すべて合わせると汎魔方陣の数は3600になる。6次の魔方陣がいくつあるかは数が膨大すぎて分からない。6は2では割れるが4では割ることのできない最初の偶数であり、魔方陣を作るには最も難しい行列数だとされている。6次の正規方陣では汎魔方陣や対称方陣を作ることはできない。

a

1	2	3	4	5	6	7	8
9	10	11	12	13	14	15	16
17	18	19	20	21	22	23	24
25	26	27	28	29	30	31	32
33	34	35	36	37	38	39	40
41	42	43	44	45	46	47	48
49	50	51	52	53	54	55	56
57	58	59	60	61	62	63	64

c

30	39	48	1	10	19	28
38	47	7	9	18	27	29
46	6	8	17	26	35	37
5	14	16	25	34	36	45
13	15	24	33	42	44	4
21	23	32	41	43	3	12
22	31	40	49	2	11	20

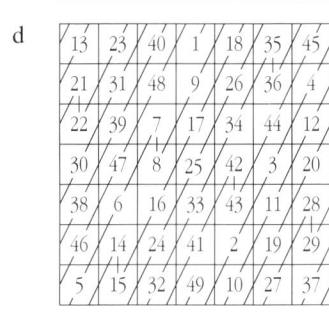

b

64	2	3	61	60	6	7	57
9	55	54	12	13	51	50	16
17	47	46	20	21	43	42	24
40	26	27	37	36	30	31	33
32	34	35	29	28	38	39	25
41	23	22	44	45	19	18	48
49	15	14	52	53	11	10	56
8	58	59	5	4	62	63	1

d

13	23	40	1	18	35	45
21	31	48	9	26	36	4
22	39	7	17	34	44	12
30	47	8	25	42	3	20
38	6	16	33	43	11	28
46	14	24	41	2	19	29
5	15	32	49	10	27	37

　4の倍数の魔方陣を作るには、上図aのように一番上の段の左から順番に数を置いてゆき、線上のすべての数を図bのように中心と対称の位置に並べ替えればよい。

　奇数方陣を作るには、まず1を上段の真ん中のマスにいれ、2、3…と数の順に一つ右上のマスに入れていく。最上段の上は最下段と考えて、2は最下段に入れる。右上のマスが埋まっていたらその数の一つ下に次の数を置く。中央には25が入り、対角線の和は175となる（図c）。

　二つの魔方陣、たとえば4次と3次の魔方陣を結合して、3×4＝12の合成魔方陣を作ることができる。

a

1	14	7	12
15	4	9	6
10	5	16	3
8	11	2	13

b

2	7	6
9	5	1
4	3	8

c

16	96	80
128	64	0
48	32	112

　まず初めに、3次魔方陣の九つあるマスの一つ一つに4次魔方陣の16マス

を入れて、12次（12×12）のマスを作る。次に、3次の魔法陣（前頁左下図b）の各数から1を引き、4次の枡の総数（4×4=16）を掛けていく。たとえば（2－1）×16、（7－1）×16といったように。すると前頁図cの方陣のような数の配列になる。これら9個の数を、一つずつ16＋1、16＋14、16＋7…のように、4次の魔方陣に加えていくと下図のような12次の魔方陣ができあがる。

17	30	23	28	97	110	103	108	81	94	87	92
31	20	25	22	111	100	105	102	95	84	89	86
26	21	32	19	106	101	112	99	90	85	96	83
24	27	18	29	104	107	98	109	88	91	82	93
129	142	135	140	65	78	71	76	1	14	7	12
143	132	137	134	79	68	73	70	15	4	9	6
138	133	144	131	74	69	80	67	10	5	16	3
136	139	130	141	72	75	66	77	8	11	2	13
49	62	55	60	33	46	39	44	113	126	119	124
63	52	57	54	47	36	41	38	127	116	121	118
58	53	64	51	42	37	48	35	122	117	128	115
56	59	50	61	40	43	34	45	120	123	114	125

　右図bの魔方陣を連続同心方陣という。連続同心方陣とは一つの魔方陣のなかに中心を同じにする別の方陣が含まれている魔方陣のことである。右図bのように、5次の魔方陣のなかに3次の魔方陣が、あるいは7次の魔方陣のなかに5次と3次の魔方陣が含まれているような方陣をいう。たとえば5次の連続同心方陣を作るのであれば、3次の正規魔方陣（たとえば右図a）の各数に3×2＋2＝8を加え、その周りに一番大きい数と一番小さい数のセット（25と1、24と2…）を適宜並べていけばよい。

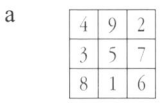

a

4	9	2
3	5	7
8	1	6

b

5	4	24	25	7
3	12	17	10	23
18	11	13	15	8
20	16	9	14	6
19	22	2	1	21

連続同心方陣

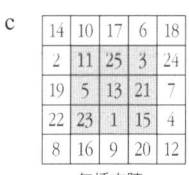

c

14	10	17	6	18
2	11	25	3	24
19	5	13	21	7
22	23	1	15	4
8	16	9	20	12

包括方陣

d

2	10	19	14	20
22	3	21	11	8
17	25	13	1	9
18	15	5	23	4
6	12	7	16	24

包括ひし形方陣

　上図cの包括方陣は、連続同心方陣とはちがい、内部に別の方陣を含んではいるものの、その魔方陣は正規ではなく、周りに並ぶ数も一番大きい数と一番小さい数のセットにはなっていない。ほかに

も、包括ひし形方陣（前頁図d）、あるいは下図のように3次と4次をあわせて市松模様のように配置された魔方陣もある。

9	1	37	48	38	26	16
49	10	23	47	4	18	24
15	22	36	11	29	42	20
7	33	44	25	43	17	6
35	46	14	2	21	27	30
19	32	8	3	28	40	45
41	31	13	39	12	5	34

すべての数が平方（二乗）されてできた二重方陣はさらに不思議だ。下に示した魔方陣の定和と、9個ある3×3のセクションのすべての数の和はともに369になり、各マスの数を平方しても、行、列、対角線の和が20049と一定になっている。

1	23	18	33	52	38	62	75	67
48	40	35	77	72	55	25	11	6
65	60	79	13	8	21	45	28	50
43	29	51	66	58	80	14	9	19
63	73	68	2	24	16	31	53	39
26	12	4	46	41	36	78	70	56
76	71	57	27	10	5	47	42	34
15	7	20	44	30	49	64	59	81
32	54	37	61	74	69	3	22	17

　三次元の立体魔方陣を作ることもできる。3次の立体魔方陣は4個存在し（そのうちの二つを示した）、それぞれの三次元方陣には48通りの数の並び方がある。行、列、柱のすべてと、四つある対角線の和は42になっている。

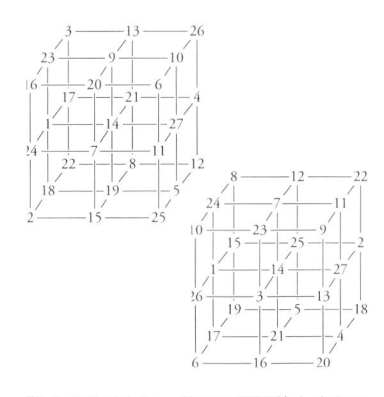

　驚くべきことに、かつて不可能とされていた四次元方陣が、ジョン・R・ヘンドリクスによってはじめて発見された。ヘンドリクスは1950年に四次元立体方陣を完成させている。下に示したものは、58ある3次の四次元立体方陣の一つである。

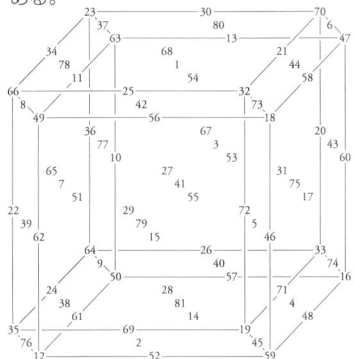

数についての補足

1
一つ(万国共通)

2
二つの力(道教)：陰(不活発)、陽(活発)
二つの視点(世界共通)：主観、客観
二つの極(地理学)：南、北
二つの極(物理学)：プラス、マイナス
二つの原則(形而上学)：本質、物質
二人の統治者(錬金術)：女王、王
二つの方向：右、左
二つの種族(人類学)：定住者、遊動民
二つの真理(論理学)：分析的な(ア・プリオリ)、総合的な(ア・ポステリオリ)
二つの教え(宗教)：秘伝的な(エソテリック)、公教的な(エクソテリック)

3
三官(道教)：天、地、人
三位一体(キリスト教)：父、子、聖霊
錬金術の三つの段階(錬金術)：
　黒化(ニグレド)、白化(アルベド)、赤化(ルベド)
弁証法における三つの概念(西洋)：
　テーゼ、アンチテーゼ、ジンテーゼ
人体における三つの方向(解剖学)：
　垂直、内側、外側
運命の三女神(ギリシア)：
　クロト(運命の糸を紡ぐ)、ラケシス(運命の糸の長さを決める)、アトロポス(運命の糸を断ち切る)
復讐の三女神(ギリシア)：
　ティシポネ(殺人)、メガイラ(嫉妬)、アレクト(怒り)
クォークの三世代(物理学)：
　「アップ、ダウン」、「チャーム、ストレンジ」、「トップ、ボトム」
美と優雅をつかさどる三女神(ギリシア)：
　アグライア(輝き)、エウプロシュネ(喜び)、タレイア(花の盛り)
三つのグナ(ヒンドゥー)：
　火(赤)、水(白)、地(黒)
三界(西洋中世)：動物、植物、鉱物
占星術の三区分(占星術)：カーディナル、フィックスド、ミュータブル
原子を構成する三つの基本粒子(20世紀)：
　プロトン、ニュートロン、エレクトロン
三段論法(アリストテレス)：
　大前提、小前提、結論
基本三原色(光)：赤、緑、青
三原質(錬金術)：硫黄、水銀、塩
三つの神学的徳(キリスト教)：
　信仰、希望、愛

三つの正平面充填形(幾何学):
　三角形、四角形、六角形
フランス革命の三つの原理(フランス):
　自由、平等、博愛
三つの段階(ヒンドゥー教):
　創造(ブラーマ)、維持(ヴィシュヌ)、破壊(シバ)
三学(中世):文法、修辞、論理

4

四つの完全協和音程(音楽):ユニゾン、オクターブ、完全5度、完全4度
カーストの四階級(ヒンドゥー教):
　バラモン(僧侶)、クシャトリア(貴族・武人)、バイシャ(商人)、シュードラ(労働者)
四原因説(アリストテレス):
　形相因、質量因、作用因、目的因
四つの方角(共通):東、西、南、北
四大元素(西洋):火、水、土、空気
四つの力(現代):
　重力、電磁力、強い力、弱い力
四つの気質(西洋):
　多血質、胆汁質、粘液質、憂鬱質
四つの意識の階層(ユング):
　自己、自我、影、アニマ
四つのタイプ(ユング):
　思考、感覚、感情、直観
四つの真理(仏教):
　苦諦、集諦、滅諦、道諦
四季(西洋):春、夏、秋、冬
四つの文学様式(西洋):ロマンス、悲劇、風刺、喜劇
四科(西洋):
　算術、音楽、幾何、天文学

5

五虫(動物の五分類-中国):
　鱗蟲(魚)、羽蟲(鳥)、裸蟲(人間)、毛蟲(獣)、甲蟲(亀)
五色五方(五つの方角と色-中国):
　東(青)、南(赤)、中央(黄)、西(白)、北(黒・玄)
五行(五つの元素-中国):
　火、土、金、水、木
五大元素(仏教):
　空(くう)、地、水、火、風
五音音階(中国):ピアノの黒鍵に対応
五つの建築様式(西洋):トスカナ式、ドリス式、イオニア式、コンポジット式、コリン式
五つのプラトンの立体(万国共通):
　正四面体、正六面体、正八面体、正十二面体、正二十面体
五毒(仏教):
　無思慮、傲慢、嫉妬、憎悪、欲望
五戒(仏教):不殺生、不偸盗、不邪淫、不妄語、不飲酒
五感(共通):
　視覚、聴覚、触覚、臭覚、味覚
五声(中国):呼、笑、歌、哭、呻
五臭(中国):腥、焦、香、腐、羶
五味(中国):酸、苦、甘、辛、塩
五徳(仏教):温、良、恭、倹、譲

五徳(中国)：仁、礼、信、義、智

6

神は万物を6日間でお作りになった (アブラハムの宗教)：
  光、天空、大地と植物、天体、魚と鳥、人間と動物

六つの方向(一般)：
  上、下、右、左、前、後

生物の六界(現代)：
  真正細菌界、古細菌界、原生生物界、菌界、植物界、動物界

六徳(仏教)：布施、持戒、忍辱、精進、禅定、智慧

六界(ヒンドゥー教、仏教)：
  天上界、人間界、修羅界、畜生界、飢餓界、地獄界

六つの正多胞体(四次元超立体)：
  正五胞体、正八胞体、正十六胞体、正二十四胞体、正百二十胞体、正六百胞体

7

七種類の帯状装飾パターン(万国共通)：
  帯状装飾は七種類のパターンがある

七つのチャクラ(ヒンドゥー教)：
  チャクラは現代ではそれぞれ内分泌腺に対応しているとされる。尾骨神経叢(蓮華の花びら4枚)、仙骨神経叢(蓮華の花びら6枚)太陽神経叢(蓮華の花びら10枚)、心臓神経叢(蓮華の花びら12枚)、頸神経叢(蓮華の花びら16枚)、松果体(蓮華の花びら2枚)、脳下垂体(蓮華の花びら1000枚)

七つの罪と七つの徳(キリスト教)：
  謙遜対高慢、慈悲対嫉妬、節制対暴食、純潔対色欲、忍耐対憤怒、寛大対羨望、勤勉対怠惰

七つの内分泌腺(医学)：
  松果体腺、脳下垂体、甲状腺、胸腺、副腎、膵臓、性腺

七つの天体と曜日(古代)：
  月(月曜日)、水星(水曜日)、金星(金曜日)、太陽(日曜日)、火星(火曜日)、木星(木曜日)、土星(土曜日)

自由七科(西洋)：
  論理、修辞、文法、算術、音楽、幾何、天文学

七つの金属(古代)：
  銀、水銀、銅、金、鉄、錫、鉛

七つの旋法(ギリシア)：ドリア旋法、イオニア旋法、フリギア旋法、リディア旋法、ミクソリディア旋法、エオリア旋法、ロクリア旋法、ピアノの白鍵だけを使った音階。
  ド、レ、ミ、ファ、ソ、ラ、シと始まる7音階がこれらに当てはまる。

七つの魂の段階(スーフィ教)：
  強制、良心、感動、冷静、従順、献身、熟達

七つの徳(キリスト教)：
  信仰、希望、愛徳、剛毅、正義、賢明、節制

8

八つの半正平面充填(幾何学):
: 複数種類の多角形で平面に隙間なく並べる方法は八種類。アルキメデスの平面充填ともいう。

八仙(道教):
: 少(青年)、老(老人)、貧(貧者)、富(富者)、賎(平民)、貴(貴人)、男、女

ヨガの八支則(ヴェーダ):
: ヤマ(禁戒)、ニヤマ(勧戒)、アーサナ(坐法)、ブラーナヤーマ(調気)、プラティヤハーラ(制感)、ダーラナ(集中)、ディヤーナ(瞑想)、サマーディ(三昧)

八卦(易経):
: 乾(天、創造性)、兌(沢、悦)離(火、麗)、震(雷、動)、巽(風、入)、坎(水、陥)、艮(山、止)、坤(地、順)

八正道(仏教): 正見、正語、正思惟、正業、正命、正念、正定、正精進

9

文学、芸術、科学をつかさどる
九女神たち(ギリシア):
: 歴史(カリオペ)、天文(ウーラニア)、悲劇(メルポメネー)、喜劇(タレイア)、舞踊(テルプシコラ)、讃歌(ポリュムニアー)、英雄叙事詩(カリオペ)、恋愛詩(エラトー)、抒情詩(エウテルペ)、

天使の九階級(西洋):
: エンジェル、アークエンジェル、ヴァーチャー、パワー、プリンシパリティー、ドミニオンズ、スロウン、ケルビム、セラフィム

性格の九分類法(中東):
: 批評家、援助者、遂行者、芸術家、観察者、忠実家、情熱家、挑戦家、調停者

九つの正多胞体(万国共通):
: 五つのプラトンの立体＋四つの星型正多胞体

九種類の半正平面充填(万国共通):
: 半平面充填は八つあるが、キラル・ペアまで含めると全部で九種類になる。

10

十戒(キリスト教):
: 父母を敬う、安息日を守る、他の神を信じてはならない、偶像を崇拝してはならない、神の名をみだりに唱えてはならない、殺してはならない、姦淫をしてはならない、盗んではならない、偽証してはならない、隣人の財産を欲してはならない

十地(仏教):
: 歓喜地、離垢地、発光地、焔光地、難勝地、現前地、遠行地、不動地、善想地、法雲地

十のセフィロト(カバラ):
: ケテル、コクマー、ビナー、ケセド、ゲブラー、ティファレト、ネツアク、ホド、イェソド、マルクト

数の小事典

1 三角数、四角数、五角数、六角数、四面体数、八面体数、立方数、フィボナッチ数、リュカ数における最初の数。

2 最初の偶数(女性数)。天王星の軌道半径は土星の軌道半径の2倍。海王星の公転周期は天王星の公転周期の2倍。

3 ギリシアにおける最初の奇数(男性数)。1+2。同一の図形で平面を埋め尽くすことができるのは三種類の図形だけ。ある日付に見た月と同じ位置の月をおよそ3年後の同じ日付に見ることができる。三角測量は土木工事に役立つ。

4 2番目の平方数。$2^2=2\times2=2+2$。四面体の頂点および面の数。すべての整数は1〜4個までの平方数の和で表すことができる。

5 最初の男性数と女性数の和。1^2+2^2。5音音階の音の数。5個のプラトンの立体。フィボナッチ数列の5番目の数。五角数2番目の数。

6 三角数の3番目の数。$6=1+2+3$。$3!=1\times2\times3$。最初の完全数(約数の和)。四面体の辺の数、立方体の面の数、八面体の頂点の数。6個の四次元正多胞体。

7 七種類の左右対称の帯状装飾。伝統的な音階の音の数。人体にある七つの内分泌線。サイコロにおいて相対する面の数の和。

8 2番目の立方数、$2^3=2\times2\times2=8$。八面体の面の数、立方体の頂点の数。フィボナッチ数の6番目の数。八種類のアルキメデスの平面充填形。1バイトは8ビット。

9 3の平方数。$3^2=3\times3=1^3+2^3$。9個の正多面体、キラル・ペアを含めば九種類の半正平面充填。10進法において、9の倍数の各位の和もまた9の倍数になる。

10 4番目の三角数であり、3番目の三角錐数。1^2+3^2

11 11次元が物理学上の四つの力、すなわち電磁力、重力、弱い力、強い力を統合する。リュカ数の5番目の数。11年は太陽の黒点周期。

12 12平均律の音階を構成する音の数。3番目の五角数。12個の同型の球を一つの球の周りに接するように並べると立方八面体ができる。二十面体の頂角の数、十二面体の面の数、六面体と八面体の辺の数。アナーハタ(ハートチャクラ)の蓮華の花びらの数。

13 フィボナッチ数における7番目の数。アルキメデスの多面体の種類。オク

タープとして(13音)、あるいは5：12：13の三角形としてあらわれる数。ジュウサンネンゼミは13年ごとに大量発生する。

14　3番目の四角錐数＝$1^2+2^2+3^2$。ソネット(オクターブ、クワルテット、カプレット)の行数。

15　三角数。3×3の魔方陣における列の和。スヌーカー・トライアングルのなかに並べる球の数(ビリヤード)。

16　2^4であり4^2でもある数。4×4の正方形の周囲の長さであり面積でもある。第5チャクラ(のどから出ているエネルギー)の蓮華の花びらの数。

17　平面における対称変換は17種類。1^4+2^4、俳句の文字数(5+7+5)。アラブ音楽の基礎となる17律。

18　サロス周期、ある場所で見た日食あるいは月食と同じものを、ほぼ18年後に同じ場所で見ることができる。

19　メトン周期、ある日に見た月と同じ位置の月を19年後の同じ日付に見ることができる。

20　1番目から4番目までの三角数の和。二十面体の面の数、十二面体の頂点の数。マヤ暦のひと月の日数。人間のからだをつくっているアミノ酸の種類。

21　6番目の三角数。フィボナッチ数の8番目の数。3×7。イタリア語のアルファベットの数。

22　円を6本の線で分割した場合、最高で22個に分割できる。ヘブライ語のアルファベットの数。カバラのセフィロトには22の小径がある。

23　人には23組の染色体がある。

24　四次元空間では一つの球に24個の球が接する。ギリシア語のアルファベットの数。4！＝1×2×3×4

25　$5^2=3^2+4^2$

26　平方数と立方数に挟まれた唯一の数字。ラテン語と英語のアルファベットの数。

27　$3^3=3×3×3$。インド占星術で使われる白道(月の通り道)を分割した27の星宿。

28　2番目の完全数、因数の和、三角数。アラビア語とスペイン語のアルファベットの数。

29　リュカ数を順に並べると1，3，4，7，11，18，29 となる。ノルウェー語のアルファベットの数。

30　十二面体と二十面体の辺の数。5：12：13のピタゴラスの三角形における面積と周囲の長さ。地球を巡る月の軌道は地球の直径の30倍。

31　仏教における31の世界。メルセンヌ素数、つまりnが素数であれば2^n-1

32　2^5、1を除いて最も小さい5乗数。結晶族は32通。地球の直径を32倍すると月に届く。

33　1！＋2！＋3！＋4！。人の脊椎骨には33個で神経は31対。33年間に12053回の日の出。

34 4×4の魔方陣における列の和。

35 ピタゴラス音律の振動数比12:9:8:6の和。三角数の1番目から5番目までの和。

36 $1^3+2^3+3^3$。8番目の三角数であり6番目の平方数でもある。

37 素因数に37をもつ一連の数字──111、222、……666、777、888、と続く。3年間に37朔望月。37の菩薩の実践。

40 男と女の手足の指の総数。五次元空間では一つの球に40個の球を接することができる。

42 3×3×3の立体方陣における列の和。

50 サンスクリット語のアルファベットの数。サハスラーラを除いたチャクラの蓮華の花びらの数の和。

52 一箱に入っているトランプ・カードの枚数、永久歯と乳歯を合わせた数。マヤの暦では、ツォルキン(260日)とハーブ(365日)の日付の同じ組み合わせが52太陽年ごとに巡ってくる。

55 三角数でありなおかつフィボナッチ数でもある数のなかで一番大きな数(他には1、3、21)。

56 オーブリーサークルに並んだ石の数(ストーンヘンジ)、食の予知に有用な数字。7×8、1+2+4と1×2×4とをかけあわせたもの。三角錐数。タロットの小アルカナは56枚。

59 59日間に満月は二度。素数。

60 3×4×5。シュメールとバビロニアでは60進法が使われた。1から6までのすべての数で割り切れる最小の数。

61 人のmRNAのアミノ酸を規定するコドンの種類の数。

64 $8^2=4^3=2^6$。易の卦の種類。チェス盤の桝目の数。人のDNAのアミノ酸を規定するコドンの種類。

65 5×5の魔方陣の列の和。

71 ヒンドゥー教の神インドラは71エオン(カルパ)の間生き続ける。1カルパ=43億2000万年。

72 六次元空間において一つの球に接することのできる球の数。360/5。カバラには72の神の名前がある。

73 マヤ暦では73ツォルキン=52ハーブ。

76 ハレー彗星は76年周期で地球に接近する。

78 タロットカードには22枚の大アルカナと56枚の小アルカラがある。

81 9番目の平方数、3^4、安定した同位体をもつ元素の数。

91 1年の1/4、7×13

92 自然界に存在する元素の数は92個、その他の元素は人工物。

99 アラーの神には99の名がある。8年間に満月が99回訪れる。

100 10×10

108 $1^1\times2^2\times3^3$、太陽の直径は地球の直径の109倍であり、地球からの距離は太陽の直径×107になる。ヒンズー

教と仏教の僧がもつ数珠の球の数。

111　　6×6の魔方陣における列の和、月と地球の距離は月の直径を111倍したもの。

120　　$1 \times 2 \times 3 \times 4 \times 5$。三角数であり三角錐数でもある。

121　　11×11

125　　$5 \times 5 \times 5$

128　　2^7。異なる平方数で表すことのできない最大の数。

144　　12の平方数、フィボナッチ数のなかでの唯一の平方数。

153　　「ヨハネの福音書」21章11節に出てくる教訓話のなかで網にかかる魚の数、$1^3 + 3^3 + 5^3 = 1! + 2! + 3! + 4! + 5!$ = 1年間に訪れる満月の回数の平方数、アルキメデスは$\sqrt{3}$を$265 \div 153$と近似値で表した。

169　　13×13

175　　7×7の魔方陣における列の和。

206　　成人の骨の数。

216　　プラトンの結婚数、三つの立方数の和のなかで最小の数、$6^3 = 3^3 + 4^3 + 5^3$、108の2倍。

219　　三次元結晶群は219種類存在する。

220　　220と284は友愛数のなかで最小の一対。友愛数とは、自分自身を除いた約数の和が、互いに他方と等しくなるような2つの数をいう。220の約数の和は284、284の約数の和は220。

235　　19年間に訪れる満月の数（メトン周期）。

243　　3^5。ピタゴラス音律の音階では、第3音と第4音が作り出す半音（ピタゴラス・リンマ）の周波数比率は256:243。

256　　2^8。コンピュータで、1バイトは最大で256通りある。

260　　マヤ暦のツォルキンで$20 \times 13 = 260$日、8×8の魔方陣における列の和。

284　　220の友愛数、$220 + 284 = 504$

300　　新生児の骨の数。

343　　$7 \times 7 \times 7$

354　　12朔望月の日数あるいはイスラム暦の1年の日数。

360　　$3 \times 4 \times 5 \times 6$。円は360度、マヤ暦の1トゥンは360日。

361　　19の平方数。
　　　　　碁盤の線は19×19

364　　トランプひとそろいの数の和（J=11、Q=12、K=13とした場合）。
$4 \times 7 \times 13$

365　　マヤ暦のハーブは20日×18ヵ月とワイエブという5日からなる。

369　　9×9の魔方陣における列の和。

384　　ピタゴラス音階において基礎になる振動数。

400　　太陽の大きさは月の400倍、太陽は月の400倍地球から離れている。

432　　72×6、108×4

486　　振動数384の音から2音上の音の振動数、ピタゴラスの長3度。

496　　3番目の完全数、因数の和。

504　　$7 \times 8 \times 9$

512　　2^9。完全4度、384に対して振動数比が4:3(または$9/8 \times 9/8 \times 256/243$)になる音の振動数。

540　　北欧神話のオーデン神の宮殿ワルハラには540の両開きの扉がある。1080の半分。

576　　完全5度、384に対して振動数比が3:2になる音の振動数。24^2。

584　　金星の会合周期(日)。

648　　ピタゴラスの6度、第2音(432)に対して振動比が2:3になる音の振動数。

666　　1から36までの数をすべてたしたもの。ゲマトリアで太陽を表す数字。ローマ数字の初めから6番目までの和(IVXLCD)。

720　　$6! = 1 \times 2 \times 3 \times 4 \times 5 \times 6 = 8 \times 9 \times 10$。$2 \times 360$

729　　ピタゴラスの7度、第3音(486)に対して振動数比が2:3になる音。9の立方数。3^6 or 27^2。プラトンの『国家』に登場する数。

780　　火星の会合周期(日数)。

873　　$1! + 2! + 3! + 4! + 5! + 6!$

880　　4×4の魔方陣の種類。

1000　　$10 \times 10 \times 10$

1080　　$2^3 \times 3^3 \times 5$。ゲマトリアで月を表す数値。月の半径(マイルで)。

1225　　2番目の平方三角数、35^2

1331　　$11 \times 11 \times 11$

1461　　4年は1461日。

1540　　三角数であり三角錐数でもある五つの数のうちの一つ。

1728　　12の立方数。1キュービット・フィートは1728キュービット・インチ。

1746　　ゲマトリアで太陽を表す666と月をあらわす1080の和。

2160　　720×3。月の直径(マイルで)。

2187　　3^7

2392　　$8 \times 13 \times 23$。マヤ人たちは次のような驚くほど正確な発見をした —— $3^4=2392$日間に81回の満月が現れる。

2920　　$=584 \times 5=365 \times 8$。金星がその軌道上に五角形を描くのにかかる日数。

3168　　$2^5 \times 3^2 \times 11$。約数をすべてたすと6660になる。

3600　　60×60、1時間は3600秒、角度の1度は3600秒。

3960　　地球の半径は3960マイル。

5040　　$7! = 1 \times 2 \times 3 \times 4 \times 5 \times 6 \times 7 = 7 \times 8 \times 9 \times 10$。地球と月の半径の和。

5913　　$1! + 2! + 3! + 4! + 5! + 6! + 7!$

7140　　三角数であり三角錐数でもある数。

7200　　マヤ暦のカトゥン、すなわち20トゥン(1トゥン=360日)。

7920　　地球の直径は7920マイル$=720 \times 11$

8128　　4番目の完全数、その数の因数の和。

10000　　$10 \times 10 \times 10 \times 10$

20736　　$12 \times 12 \times 12 \times 12$

25770 現在の歳差運動周期(年)。

25920 12×2160. 惑星歳差運動周期は25920年。

31680 地球を囲む正方形の周囲の長さ。

40320 8！＝1×2×3×4×5×6×7×8

86400 1日は86400秒。

108000 カリ・ユガの1シーズン（432000÷4）。

142857 整数を7で割った場合の循環小数。

144000 マヤ暦のバクトゥン、20カトゥンに当たる。

248832 12^5

362880 9！＝2！×3！×3！×7！

365242 1000年を日数で換算した数字。経度1度当たりの赤道の長さ。

432000 ヒンドゥー教で悪のはびこるカーリー・ユガの時代は432000年。

864000 ヒンドゥー教でカーリー・ユガの前段階、ドゥワパラ・ユガの時代は864000年。

1296000 ヒンドゥー教でドゥワパラ・ユガの前段階、トレタ・ユガの時代は3×432000＝1296000年。

1728000 ヒンズー教において、黄金の時代サティヤ・ユガは4×432000年。

1872000 マヤ文明の長期暦の1サイクルは1872000日(2012年12月で終わる)。

3268800 10！＝6！×7！＝3！×5！×7！

4320000 1マハユガ、ヒンドゥー教の四つのユガの時代をあわせたもの。

39916800 11！、5040×7920

さまざまな数

素数

2 3 5 7 11 13 17 19 23 29 31 37 41 43 47 53 59 61 67 71 73 79 83 89 97 101 103 107 109 113 127 131 137 139 149 151 157 163 167 173 179 181 191 193 197 199 211 223 227 229 233 239 241 251 257 263 269 271 277 281 283 293 307 311 313 317 331 337 347 349 353 359 367 373 379 383 389 397 401 409 419 421 431 433 439 443 449 457 461 463 467 479 487 491 499 503 509 521 523 541 547 557 563 559 571 577 587 593 599 601 607 613 617 619 631 641 643 647 653 659 661 673 677 683 691 701 709 719 727 733 739 743 751 757 761 769 773 787 797 809 811 821 823 827 829 839 853 857 859 863 877 881 883 887 907 911 919 929 937 941 947 953 967 971 977 983 991 997 1009

	三角数	四角数	五角数	中心つき三角数	中心つき四角数	長方形数	正四面体数	正八面体数	立方数	中心つき立方数	四角錐数	フィボナッチ数	リュカ数
1	1	1	1	1	1	1	1	1	1	1	1	1	1
2	3	4	5	4	5	2	4	6	8	9	5	1	3
3	6	9	12	10	13	6	10	19	27	35	14	2	4
4	10	16	22	19	25	12	20	44	64	91	30	3	7
5	15	25	35	31	41	20	35	85	125	189	55	5	11
6	21	36	51	46	61	30	56	146	216	341	91	8	18
7	28	49	70	64	85	42	84	231	343	559	140	13	29
8	36	64	92	85	113	56	120	344	512	855	204	21	47
9	45	81	117	109	145	72	165	489	729	1241	285	34	76
10	55	100	145	136	181	90	220	670	1000	1729	385	55	123
11	66	121	176	166	221	110	286	891	1331	2331	506	89	199
12	78	144	210	199	265	132	364	1156	1728	3059	650	144	322
13	91	169	247	235	313	156	455	1469	2197	3925	819	233	521
14	105	196	287	274	365	182	560	1834	2744	4941	1015	377	843
15	120	225	330	316	421	210	680	2255	3375	6119	1240	610	1364
16	136	256	376	361	481	240	816	2736	4096	7471	1496	987	2207
17	153	289	425	409	545	272	969	3281	4913	9009	1785	1597	3571
18	171	324	477	460	613	306	1140	3894	5832	10745	2109	2584	5778
19	190	361	532	514	685	342	1330	4579	6859	12691	2470	4181	9349
20	210	400	590	571	761	380	1540	5340	8000	14859	2870	6765	15127
21	231	441	651	631	841	420	1771	6181	9261	17261	3311	10946	24476
22	253	484	715	694	925	462	2024	7106	10648	19909	3795	17711	39603
23	276	529	782	760	1013	506	2300	8119	12167	22815	4324	28657	64079
24	300	576	852	829	1105	552	2600	9224	13824	25991	4900	46368	103682
25	325	625	925	901	1201	600	2925	10425	15625	29449	5525	75025	167761
26	351	676	1001	976	1301	650	3276	11726	17576	33201	6201	121393	271443
27	378	729	1080	1054	1405	702	3654	13131	19683	37259	6930	196418	439204
28	406	784	1162	1135	1513	756	4060	14644	21952	41635	7714	317811	710647
29	435	841	1247	1219	1625	812	4495	16269	24389	46341	8555	514229	1149851
30	465	900	1335	1306	1741	870	4960	18010	27000	51389	9455	832040	1860498
31	496	961	1426	1396	1861	930	5456	19871	29791	56791	10416	1346269	3010349
32	528	1024	1520	1489	1985	992	5984	21856	32768	62559	11440	2178309	4870847
33	561	1089	1617	1585	2113	1056	6545	23969	35937	68705	12529	3524578	7881196
34	595	1156	1717	1684	2245	1122	7140	26214	39304	75241	13685	5702887	12752043
35	630	1225	1820	1786	2381	1190	7770	28595	42875	82179	14910	9227465	20633239
36	666	1296	1926	1891	2521	1260	8436	31116	46656	89531	16206	14930352	33385282

著者 ● ミランダ・ランディ
数の起源や数の歴史、特に古代・中世の数学に関して長年研究を続ける。
著書に『幾何学の不思議』(本シリーズ)など。

訳者 ● 桃山まや(ももやま まや)
英文訳者。訳書に『ストーンヘンジ——巨石文明の謎を解く』など。

かず ふしぎ まほうじん
数の不思議 魔方陣・ゼロ・ゲマトリア

2010年 6月10日第1版第 1 刷発行
2023年 2月10日第1版第14刷発行
著 者   ミランダ・ランディ
訳 者   桃山まや
発行者   矢部敬一

発行所   株式会社 創元社
         https://www.sogensha.co.jp/

本 社   〒541-0047 大阪市中央区淡路町4-3-6
         Tel.06-6231-9010 Fax.06-6233-3111
         東京支店
         〒101-0051 東京都千代田区神田神保町1-2 田辺ビル
         Tel.03-6811-0662
印刷所   図書印刷株式会社
装 丁   WOODEN BOOKS／相馬光(スタジオピカレスク)

©2010 Printed in Japan
ISBN978-4-422-21478-8 C0341

<検印廃止> 落丁・乱丁のときはお取り替えいたします。

JCOPY <出版者著作権管理機構 委託出版物>
本書の無断複製は著作権法上での例外を除き禁じられています。複製される場合は、そのつど事前に、
出版者著作権管理機構(電話 03-5244-5088、FAX 03-5244-5089、e-mail: info@jcopy.or.jp)の許諾を得て
ください。

本書の感想をお寄せください
投稿フォームはこちらから ▶▶▶